U0182656

搞笑兄妹 科学大冒险

化学

韩国搞笑兄妹　［韩］李贤真　［韩］权泰均　著

［韩］金德永　绘　章科佳　译

山东画报出版社

济 南

果麦文化 出品

大元

初中三年级学生。

好奇心大过天，惹是生非最在行，

捉弄妹妹艾咪是日常。

本想来个恶作剧让妹妹吃点苦头，

却意外踏上了科学冒险之旅。

艾咪

小学五年级学生。

做梦都想报复一下捣蛋鬼哥哥，

但还是最喜欢跟哥哥一起玩。

和哥哥一起误食神奇的宇宙超能软糖，

从此开启了科学冒险之旅。

恩吉

大元和艾咪养的小狗，

稀里糊涂地跟着兄妹俩开始了科学探险。

在危急时刻，用动物的本能帮助兄妹俩化险为夷。

卡奥斯　（天文、地理）

天才研究所所长，研究所领军人物，对科学满腔热忱。

凭借出色的头脑，在兄妹俩寻找软糖的过程中提供了很大帮助。

伊格鲁　（物理）

研究所的气氛担当，看起来有点儿不靠谱，

实则是天才发明家，发明了许多神奇的物品。

斯嘉丽　（生物）

研究所的军师，在任何情况下都能沉着应对危机，

可以与世界上所有生物进行交流。

闪闪　（化学）

研究所的颜值担当，像亲姐姐一样对待大元兄妹俩，

善于制造特殊物质。

斯威特
先生

零食团

想占据世界上所有零食的坏家伙们。

偶然发现软糖的存在后，想将软糖占

为己有。为此，对科学冒险队穷追不舍。

曲奇　　　香草　　草莓　巧克力

第三章 物质的构成

 第四章 物质的变化

序章 冒险集结令

想和我们一起去科学探险的朋友，集合啦！

各位家人，各位朋友，

我们的第四次科学探险马上就要开始啦。

为了寻找新的软糖，上次旅行中我们进入了人体内，

观察了胃、肠、肝、肺、心脏等器官。

历经千辛万苦，我们终于得到了新的软糖，

却又被索拉乐队的佑静拿走了。

最高人气偶像佑静为什么会知道软糖的存在呢？

在这次的旅行中，我们和最可爱的黛西一起

去了一家可疑的文具店。

在那里我们遇到了可怕的液体怪物。

我们尝试利用各种物质摆脱液体怪物的攻击，

这次我们该怎样平安无事地逃离险境呢？

来，在科学探险队队员证上写上你的名字，快和我们一起去探险吧！

队员证
大元
初中三年级
捉弄艾咪

队员证
艾咪
小学五年级
模仿歌手

队员证

姓名：
学年：
特长：

哈哈

什么？我们没资格成为软糖的主人？

等等！您怎么会知道软糖的事？

我当然知道，我还知道你们已经丢了两回了。你们是完全不知道软糖的重要性呀。

什么？

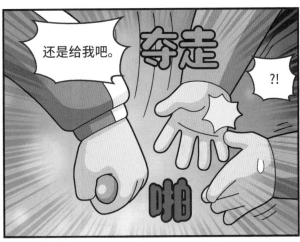

3

那今天就到此为止吧。我们一定还会再见的。

啊,等一下!

再见啦,各位!

嗬!

嗖

一溜烟

哇,那个姐姐真快啊。是不是,艾咪?

嗯,快得都看不到了。

孩子们!刚才那个人是谁呀?

她是索拉乐队的主唱——佑静!

什么?

她还说知道关于软糖的事!

这次又是因为艾咪,软糖才被抢走的……

气嘟嘟

索拉乐队的佑静怎么会……

你这个哥哥是怎么当的!出问题了都是我的错!

事实就是如此!

吵来

吵去

你说什么？索拉乐队？佑静？

在哪里？你在哪里见过佑静？

哎呀，博士，这都过去好几个小时了。她早就走了。您现在去也见不到了。

晃动

头晕

虽然软糖被抢走了，但你们都平安无事，也算是不幸中的万幸啦。

唉，真的没办法了吗？

难过

差点就去另一个世界了。

本来还感觉很幸运，这么快就找到了吃下软糖的人，没想到软糖又被索拉乐队的主唱佑静拿走了。

没被零食团拿走就不错了！试试看，现在能感受到其他软糖的气息吗？

刺溜

不能。完全感受不到。这样下去，剩下的两颗软糖恐怕很难找了。

努力

嗯，不管怎么说，我们得加快进度了，博士。

咦？嗯？

怎么了？是感应到了什么吗？剩下的软糖都在哪里？

一怔

博士，他们好像是去找软糖了。我去跟着他们。

哦？

我去去就来！

小心感冒。

都说了不是软糖了……

啊！

疾步跟上

闪闪！既然出去了，就顺便去书店给我买《勇士大冒险》的第二本吧。

还有，千万要小心，最近外面不大太平。

这一册里，主人公与陌生人见面，意外陷入危险，但会在女孩的帮助下渡过难关。

第一章

物质的状态

1. 帅气的放屁精

物质 / 物体 / 固体 / 液体 / 气体

看你磨磨蹭蹭的，到底是像谁，真是的。

别和我说话了。我都喘不过气了……

算了，我放弃了，我不想走了，就这样吧。

哥哥你怎么回事？黛西还让我赶紧过去呢！

还以为是去吃饭才跟过来的，结果是什么液体怪物*。有你们这两个怪物还不够吗？

★液体怪物：一种用硼砂和胶水等化学材料制作的玩具，又名史莱姆。

你这个家伙，都说了没时间开玩笑了。

瞪眼

呃……好可怕，比怪物还可怕。

哗哗哗

连密码都知道！你们俩关系也太好了吧？

大门变形

这又是怎么回事？怎么像刚打过仗似的？

你是说门上的痕迹吗？黛西说门打不开就晃了几下，结果就成这样了。

艾咪！

怎么这么晚？哦？大元哥哥也来了啊？

当

当

妹的好奇心

物质是什么？物体又是什么呢？

　　具有形状且占据一定空间的物品叫作物体，制作物体的材料叫作物质。物质有玻璃、塑料、木头等，每种物质的性质各不相同。因此，在制作物体时，要选择符合其使用功能的物质。

同一物体，不同物质

物体是有形状的、占据一定空间的物品。

物质是制作物体的材料。不同物质制成的物体，其特性也会有所不同。

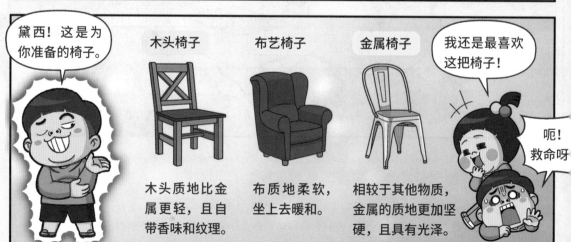

混合物和纯净物

在日常生活中，我们经常将各种物质混合使用。比如，我们会将蜂蜜和水混合成蜂蜜水，还会将各种谷物混合做成五谷饭。

用凉凉的冰块、香甜的冰激凌、酸甜的水果混合制成的刨冰是我的最爱！

就算混着吃，各种食材的味道也没有发生改变。像这样两种或两种以上物质混合而成的物质叫作混合物，组成混合物的各种物质的性质不发生改变。

给我留一碗吧。

那么冰块也是混合物吗？

冰块不就是水吗？水是由单一物质组成的纯净物。

哪怕给我一勺也好，我都快馋晕了。

口水

直流

竟然都吃光了……

伤心

吗

将胶水、小苏打、隐形眼镜护理液均匀搅拌，就能制成液体怪物啦！

液体怪物和刨冰不一样，各种物质混合后性质发生了变化。就像进入身体内的刨冰性质会发生变化，最后变成大便一样。

拉伸

胶水

小苏打

嘣

啊！好脏！

看看你们做的都是什么呀。来，哥哥给你们露一手。

处理像水这样具有流动性的液体时，要小心。

噢！

像这样！

为什么只给我这么一点点？我要做一个很大的液体怪物，再给我点！

吼吼，大元哥哥可能还在跟我客气呢。你不要太伤心。

说什么呢！我给你们俩倒的水一样多。

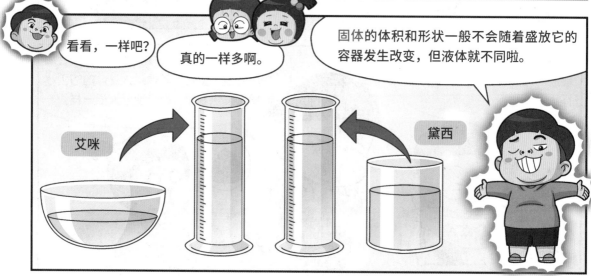

看看，一样吧？

真的一样多啊。

固体的体积和形状一般不会随着盛放它的容器发生改变，但液体就不同啦。

艾咪

黛西

那这个小苏打粉也是液体吗？它的形状也是随着容器而发生变化的呀。

粉末好像不是液体吧。

这个时候就要看粉末颗粒了。每个颗粒都是具有一定形状和体积的固体，它们并不会随着容器的改变而发生改变。所以，小苏打这样的粉末属于固体。

我真是太帅了！

哇，这样就很容易理解了呢。大元哥哥真厉害！

妹的好奇心

固体和液体有什么不同？

固体是看得见、摸得着的物质。即使更换容器，固体的形状和体积一般也不会改变。液体具有流动性，可以用眼睛看到，却不能用手抓住。液体的形状会随着容器的形状发生改变，但体积不会改变。

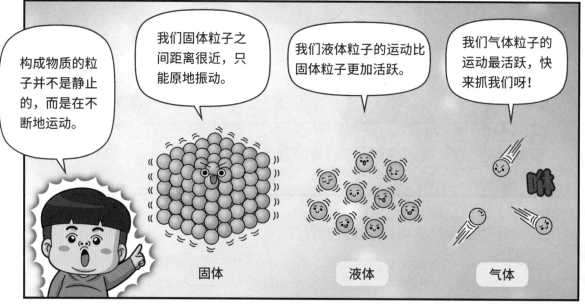

★粒子：构成物质的微小颗粒。

构成物质的粒子们也在运动吗?

固体粒子的间距很小且排列规律,所以只能在原地振动;液体粒子的间距比固体大,其运动也更加活跃;而气体粒子的间距最大,粒子运动也最活跃。

黛西，我可以把我的香气收集起来送给你。你要不要？

嗬！

想要什么形状都行。气体的形状和体积会随着盛放的容器而发生改变，所以你想要什么形状，我都可以给你。

你倒是够细心的。

他该不会真的想用气球收集屁吧？气体也会像液体一样流动，要是屁从气球里漏出来的话……

呃！

啊，气球体积有点太大了吗？别担心啦！气体是可以压缩的。

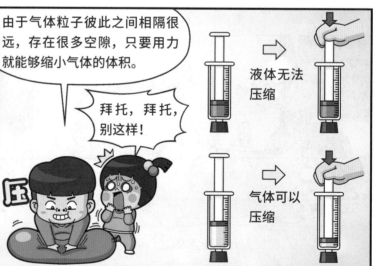

由于气体粒子彼此之间相隔很远，存在很多空隙，只要用力就能够缩小气体的体积。

拜托，拜托，别这样！

液体无法压缩

气体可以压缩

兄妹的好奇心 **屁味为什么能传那么远？**

因为气体粒子的移动非常容易！构成气体的粒子间隔很大，存在很多空隙。气体粒子在空隙中活跃地运动的同时，还会向周围扩散，最终填满整个空间。液体粒子虽然没有气体粒子跑得快，但它的运动也较为活跃，也很容易移动到其他地方。

固体、液体、气体

固体

即使转移到其他容器里，固体一般情况下也不会改变原来的形状和体积。

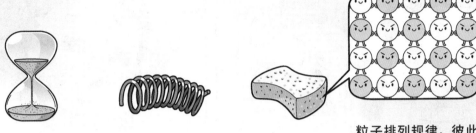

沙子　　　　　　　　弹簧　　　　　　　　海绵

粒子排列规律，彼此之间的距离非常小，只能原地振动或旋转。

液体

液体的形状因盛放容器而异，但体积始终保持不变。此外，液体还具有流动性。

蜂蜜　　　　　　　　洗衣液　　　　　　　水

粒子之间的距离较大，排列不规律，比固体粒子运动更活跃。

气体

气体的形状因盛放容器而异，且气体具有扩散性，会向周围扩散并填满空间。虽然大部分气体肉眼不可见，但气体和固体、液体一样具有质量。一间教室里的空气就有 200 多千克呢。

氮气　　　　　　　　氧气　　　　　　　　水蒸气

粒子之间的距离很大，排列非常不规律，粒子运动非常活跃。

对了！
还有……

还有什么？

那个大叔让我一定要和你们兄妹俩一起去。那样的话，他还会再给我们其他的液体怪物套装。所以我才这么着急叫你们过来。

嘿嘿

咚

嘿！我这个脑子。

啊？直接点名我俩？这就有点奇怪了……

奇什么怪呀？赶紧一起去看看吧，艾咪。不是说要再给我们一个液体怪物吗？

反正只要是免费的，你都来者不拒，是吧……

抖抖

好奇鬼 大元   在水中放屁会怎么样呢？

　　由于气体粒子太小，且间隔太大，所以像屁这样的气体无法用肉眼观察到。但如果是在水中，气体就能被看到了。气体在水中，会呈现出圆形气泡*的模样。因此在水中放屁的话，马上就会被发现，而且气泡一爆裂，臭臭的屁就会飘散到空气中。所以即使是在水中，也不能掉以轻心！

咕嘟 咕嘟

★气泡：被液体或固体包裹的气体小泡。

热气球是怎么升起来的呢？

气体的体积会随着温度和压力的变化而变化。热气球可以上升到空中，氦气球升到空中则会爆炸，这些都是由于气体的体积变化了。那么，温度和压力是如何使气体体积发生改变的呢？

热气球这一升空工具的制作原理，就是气体体积会随温度的变化而变化。气体受热，粒子的运动会更加活跃，粒子间间隔变大，气体体积随之变大。而随着热气球内空气体积变大，部分空气就会跑到热气球外，热气球内的空气质量变得比周围空气轻，于是热气球升空。

如果增大对气体的压力，气体体积就会变小。
高压

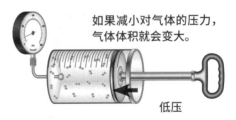
如果减小对气体的压力，气体体积就会变大。
低压

那么，升到空中的氦气球为什么会爆炸呢？那是因为气体体积也会随着压力的变化而变化。当温度保持不变时，减少对气体施加的压力，气体粒子之间的间隔就会变大，气体体积也会变大。距离地面越远，空气就越稀薄，空气对气球施加的压力就越小。所以气球越往上升，体积就会越大，最终爆炸。

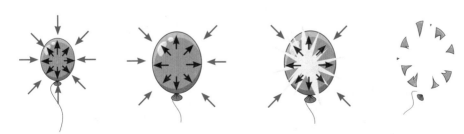

2. 去往可疑的文具店

液化 / 汽化 / 凝固 / 熔化 / 升华

大叔！搞什么呀，吓我一跳，请帮我完成这个液体怪物吧。

黛西，这位就是店主大叔吗？

嗯。

探头

闪亮

嘻嘻

欢迎光临，我是这家德利斯文具店的老板。

咳嗽

我就是大名鼎鼎的……

这里很凉快啊，出的汗差不多都干了。

不凉快呀，屋里明明比外面暖和多了。

黛西流汗了，汗水蒸发带走了皮肤的热量，所以她才感到凉快。

无视

语塞

什么？汗水蒸发会带走热量？

液态物质吸收周围的热量会变成气态，比如，水加热后会变成水蒸气。这种现象叫作汽化。汗水在吸收皮肤的热量后也会汽化，同时让身体凉快下来，维持体温恒定。

水蒸气

好热！

呼呼

吸热

汽化

水

水蒸气

天哪，我身上还有这种神奇的功能啊！

神奇吧？这就是学习的乐趣所在啊。

哎哟！

这些家伙居然敢无视我……

气得发抖

耍帅

咦？艾咪，你的眼镜怎么了？

进屋里有时就会变成这样。

偷着乐

擦拭

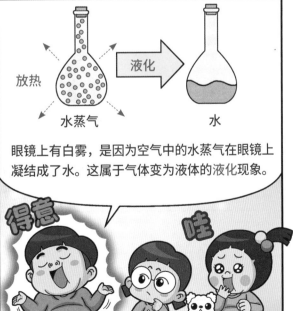

液化

放热

水蒸气

水

眼镜上有白雾，是因为空气中的水蒸气在眼镜上凝结成了水。这属于气体变为液体的液化现象。

得意

哇

眼镜是凉的，空气是暖的。所以空气中水蒸气的热量就会转移到冰冷的眼镜上，水蒸气失去热量而变成水。也就是说，物质的状态会随热量变化而变化。

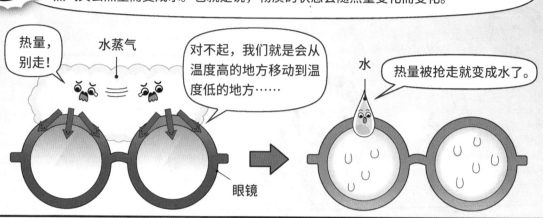

热量，别走！

水蒸气

对不起，我们就是会从温度高的地方移动到温度低的地方……

水

热量被抢走就变成水了。

眼镜

因此，为了不让眼镜上结小水珠——

喂，孩子们。

要怎么做？

只要让眼镜温度和空气温度相同就行了。

孩子们……

生气

嗝！

如果温度相同，热量就不会发生转移。

水蒸气

哇，眼镜果然没有白雾了。哥哥偶尔还是有点用的。

这次就夸夸你吧。

真的吗？

忍愤忍怒忍

兄妹的好奇心　　水蒸气变成水是什么现象？

物质从液态变为气态的现象叫作汽化，比如，水蒸发变成水蒸气。与此相反，水蒸气变成水，即物质从气态变为液态的现象叫作液化。汽化会吸收周围的热量，而液化会释放热量。

妹的好奇心　干冰为什么会像施了魔法一样消失呢？

　　干冰之所以会像施了魔法一样消失，是因为它通过升华直接从固态变为了气态。这种不经过液态，直接从固态变为气态的现象叫作升华；反之，直接从气态变为固态的现象叫作凝华。

这些家伙，根本不按套路出牌。不好办呀。

真没意思啊。老板，那我们就先走啦。祝您生意兴隆。

鞠躬

那么……这个呢？

干冰

嗖

咻

扑通

洗涤剂

好奇鬼 大元

干冰周围的白色烟雾到底是什么？

干冰周围的白雾其实是小水滴。明明什么都没有，小水滴又是从哪里冒出来的呢？小水滴是空气中的水蒸气液化而成的。如果将干冰取出放在空气中，由于干冰升华吸热，其周围空气的温度也会降低。这时，空气中的水蒸气就会发生液化,凝结成小水滴,这些小水滴就形成了白雾。

我不要香草味的，请给我草莓味的！

我要葡萄味的！

呼，还以为又被揭穿了呢。

稍等，我之前放哪儿来着……

手忙

脚乱

老板，算了。没时间了，我们还是先走吧。

你在看着什么东西说话呢？你哪有手表啊？

嗖

找到了！冰沙三件套！

食盐

当当

看好了，下面是见证奇迹的时刻。这个果汁接下来在 5 分钟内就会变成冰沙。神奇吧？神奇吧？

他怎么无缘无故这么兴奋。

哎，可能最近太无聊了吧。

窃窃私语

食盐

喊，我以为又是什么呢。

哈欠

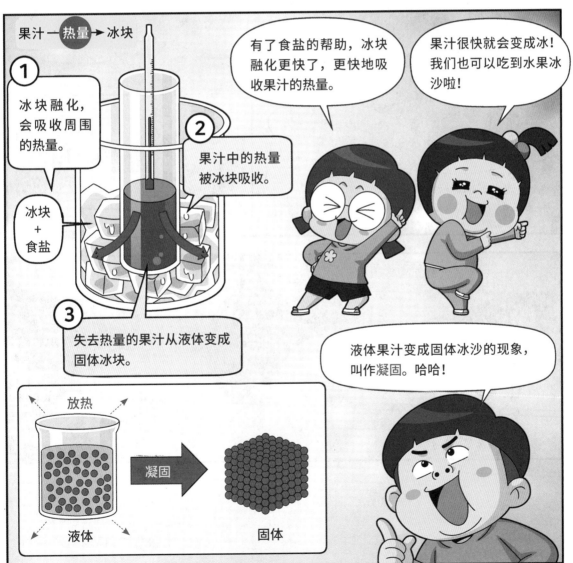

兄妹的好奇心　　水结成冰又融化，分别是什么现象呢？

　　水结成冰，即物质从液态变成固态的现象叫作凝固；与之相反，冰块融化成水，即物质从固态变成液态的现象叫作熔化。冰、雪、霜变成水的熔化过程，一般被称为融化。水凝固时会向周围释放热量，而冰融化时会吸收周围的热量。

物质的形态变化

物质在温度升高或降低时会变成不同的形态，这种现象被称为物态变化。物态变化之所以发生，是因为物质从周围环境中吸收了热量，或者从内向外释放了热量。

物质由固态变为液态的熔化、由液态变为气态的汽化、由固态变为气态的升华，均为吸收热量而发生的物态变化。

与之相反，物质由液态变成固态的凝固、由气态变成液态的液化、由气态变成固态的凝华，均为释放热量的物态变化。

闪闪姐姐！

哎呀，膝盖好酸。幸亏我跟着你们来了。

呼

呃……

你一个平民百姓，胆敢把我这个贵族压在身下！是可忍，孰……

闪闪姐姐！

呃啊！

啪

呕当

咚

咕噜

咻

呜

呜

呜

黛西的东西（别乱碰！）

扑通

啊！那边！快看那边！

好了，我们快点离开这里。

好。

冰为什么会浮在水面上？

很多人认为冰浮在水面上是理所当然的。但是你知道吗？在众多物质中，只有少数几种的固态比液态轻。

气体变成液体后，粒子之间的距离会变小，体积也随之变小。大部分液体在变成固体后，体积也会变小。水是个例外。

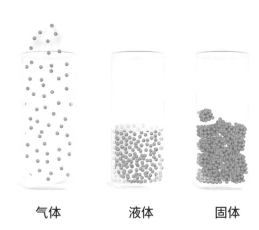

气体　　　液体　　　固体

水的特别之处在于，水结成冰后体积会增大约9%。所以，相同体积的水和冰，冰的质量会更轻。

冰

水变成冰时，构成水的粒子会结合成六方体结构，这使得粒子间的空隙增大，所以冰的体积会变大。

水

幸好冰比水轻，水中的生物才能在冬天存活下来。一到冬天，湖水表面就会结冰。表面结的冰会阻止冷空气与水接触，防止水中热量散失。如果冰比水重，水就会从下部开始结冰，直到所有水都结成冰，那么水中大部分生物都会被冻住。

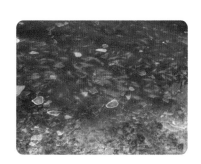

兄妹游乐场

♪ 找迷宫 ♪

为了得到免费的液体怪物套装，大元、艾咪和黛西出发了！
带着固体、液体和气体，一起去德利斯文具店看看吧！

答案 第 192 页

第二章

物质的性质

1. 液体怪物的袭击

沸点 / 凝固点（熔点）/ 溶解与溶液 / 溶解度

呃啊啊啊

蠕动

蠕动

哥哥，怎么办？液体怪物越来越大了！

我也不知道。之前就说过不要来了，不要来了，都说了多少遍啦。看你的了，黛西。用你的力量压制它！

什么？柔弱如我，能有什么办法？

抖

抖

哥哥，别再跟黛西说这些有的没了的了！就算她壮得像只大猩猩，又怎么能是这黏糊糊的液体怪物的对手啊！

你更过分！

我的计划里没有……

不过，倒是可以利用一下。

这么危急的状况，大家却忙着斗嘴。趁早把软糖交给零食团的新任智慧担当香草我吧，这样我就能保你们不被那个怪物吃掉。

卑鄙无耻的小人！

愤怒

对看我这么高贵的人？

什么？竟敢说我卑鄙无耻？!

挥

去吧！液体怪物！

安静

冷场

在干什么呢！
赶紧跟上啊！

吼叫声

他们追上来了。

你的空间移动能力能用吗？

我试了几次。但是很奇怪，自从来了这儿，空间移动能力就没法用了。

咦？闪闪姐姐，这里有一扇门！

实验室？不知道里面有没有能用上的东西。我们进去看看吧。

贸然进去会不会有危险啊？

实验室

走吧。说不定里面还有好吃的呢。

你这个馋猫。都什么时候了，还只想着吃。

哦吼，比想象中要好呢！

有很多化学试剂啊。

唉，好像一点能吃的东西都没有。

咕噜噜

连吃的东西都没有……要不然把那个液体怪物冻在冰箱里吧？或者干脆把它煮化了，让它变成气体。

等等！这倒是个好主意。

嗯？什么？

嘻嘻！连自己刚才说了什么都不知道。

把液体怪物冷冻或者让它变成气体，可没那么容易。

把它放在 0℃的地方不就会冻上，煮到 100℃不就会变成气体吗？

0 ℃

100 ℃

噢

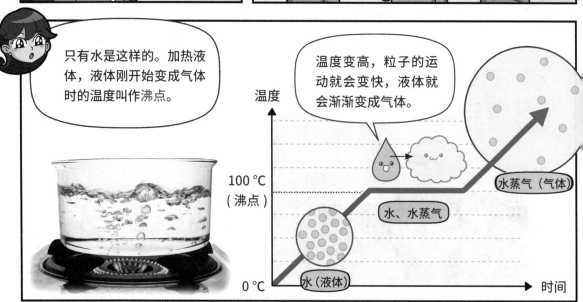

只有水是这样的。加热液体，液体刚开始变成气体时的温度叫作沸点。

温度变高，粒子的运动就会变快，液体就会渐渐变成气体。

温度

100 ℃（沸点）

水、水蒸气

水蒸气（气体）

水（液体）

0 ℃

时间

每种物质的凝固点和熔点都不同，它们是物质的特性。

我在0℃时会结冰或融化！

我的熔点是－78.5℃。

我的熔点是1538℃。大家平时很难看到液态的我。

水　　二氧化碳　　铁

是我们造出了液体怪物，所以我们知道里面放了什么物质！

那么我们既可以把它冻起来，也可以把它熔化啊！

哼

那个液体怪物是真正的怪物，跟你们知道的那个东西可不一样。

不，我的意思是说，它里面混了我们不知道的东西。

瑟缩

没好气

根据构成液体怪物的物质种类和用量的不同，它的凝固点和沸点也会有所不同。

怎么办啊？快想想想别的办法！

刚才那个冰雪聪明的大元哥哥哪儿去了？

头晕目眩

兄妹的好奇心　　**凝固点和熔点是一样的温度吗？**

固体加热后会变成液体，开始变成液体时的温度叫作熔点；相反，液体温度下降就会变成固体，开始变化的温度叫作凝固点。这两个过程是互逆的，所以凝固点与熔点是相同的。

吼叫

嗬！离我们越来越近了。

这些怎么样？虽然没法把怪物煮沸或冰冻起来，但是这些化学药品总有能派上用场的吧？

整齐

哇！

没错。现在我们分头去找有用的东西吧。

不错啊，馋鬼。

哥哥！好厉害！

别打了！没听到吗？

拍

捶

翻来

翻去

萘？不是以前用来清除卫生间异味的东西吗？

萘

53

由于是危险化学药品，最近被禁用了。

萘

易燃 有毒 致癌 污染水质

啊呀！怪物已经到这儿来了！

走吧！吃完这个就消失吧！

嗡！

是吗？

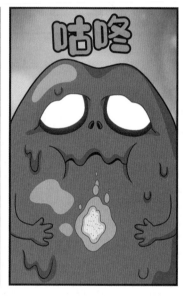

哥哥你撒了什么？那个粉末留在液体怪物体内一动没动呢。

实验室

我撒的是萘。

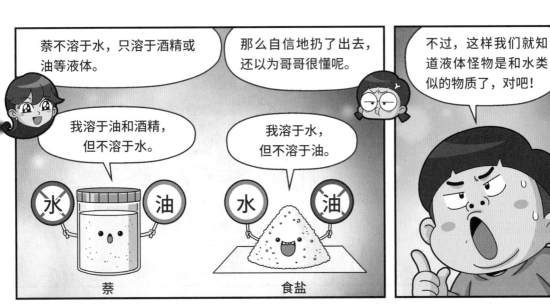

萘不溶于水，只溶于酒精或油等液体。

那么自信地扔了出去，还以为哥哥很懂呢。

不过，这样我们就知道液体怪物是和水类似的物质了，对吧！

我溶于油和酒精，但不溶于水。

我溶于水，但不溶于油。

萘

食盐

可溶于水的粉末不是更多吗？

是啊，我们还是有希望的。

没错。那我们找个能溶于水的粉末去攻击液体怪物吧。

肯定会有的。

咆哮声

哐

哐

没有吃的呢，呜呜。

嗅嗅

得快点找到才行。

氯化钙？这是除雪的时候用的。既然用这个可以把雪融化，那么也能把液体怪物融化吧？

氯化钙吸水后会放热溶解。它还会腐蚀金属物质，对生物也会造成危害。

哦！

把氯化钙装进注射器里，像水枪一样把它喷射出去怎么样？

氯化钙是粉末呀，不可以的。

有什么不可以的？做成溶液放进去就好啦。

好主意！

溶液又是什么东西呢？

把一种或几种物质均匀混合在其他物质中所形成的物质叫作溶液。

像我这样会溶化的物质就是溶质！

到我这里来！我会把你溶化。像我这样能将其他物质溶化的物质叫作溶剂。

把溶质与溶剂混在一起就会得到溶液。就像我一样！

白砂糖

白砂糖

水

可乐

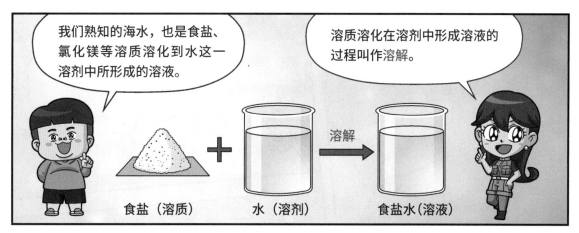

我们熟知的海水，也是食盐、氯化镁等溶质溶化到水这一溶剂中所形成的溶液。

溶质溶化在溶剂中形成溶液的过程叫作溶解。

食盐（溶质） ＋ 水（溶剂） →溶解→ 食盐水（溶液）

快点溶化吧！

用力搅拌

这个就是氯化钙溶液吗？现在一点粉末也看不见了呢。

溶质在溶剂中溶解后，会缩小到肉眼看不见的程度。所以溶液看起来非常透明，没有任何沉淀物和漂浮物。

因为食盐充分溶解在我体内，所以我很透明。

因为泥土没有溶解，所以我不透明。

怪不得我这么透明啊！

食盐水　泥水　氯化钙溶液

好奇鬼 大元

二氧化碳是可怕的气体吗？

二氧化碳能够用来制作清爽的碳酸饮料，还能够防止冰激凌融化。但二氧化碳是一种可怕的气体，空气中含量达到 10% 就能使人窒息★而死。1986 年，喀麦隆的某个湖泊释放出 160 万吨二氧化碳气体，导致附近 1700 多名村民窒息身亡。如果使用了大量干冰，最好及时通风换气，将二氧化碳排到室外，就像用扫帚把灰尘扫出门一样。

★窒息：因外界氧气不足或呼吸系统发生障碍而呼吸困难甚至停止呼吸，严重时可能会导致死亡。

兄妹的好奇心 为什么白砂糖溶解到水中就看不到了呢？

这是因为白砂糖溶解到水中后，蔗糖分子运动到水分子中间，肉眼看不到了。白砂糖溶化到水中的过程叫作溶解，其中白砂糖是溶质，水是溶剂，白砂糖与水混合而成的糖水叫作溶液。

物质并不能无限溶解，它们能溶解到水中的量是有限的。

嗬

在一定温度下，在100g溶剂（水）中能够最大限度溶解的溶质（氯化钙）的质量，叫作这种溶质（氯化钙）在该溶剂（水）中的溶解度。一旦放入的溶质质量超过了这个溶解度，即便往溶剂中加入再多的溶质也无法溶解。

啊哈，原来如此。

我在20℃的水中大约能溶解36g。

我能溶解75g。

嘿嘿，我能溶解200g。

在一定温度下，溶质就不能再继续溶解了，溶质最大限度地溶解所形成的溶液就叫作饱和溶液。

36 g

75 g

200 g

嗝

20 ℃
100 g 水

20 ℃
100 g 水

20 ℃
100 g 水

食盐

氯化钙

白砂糖

嘿嘿，那这要怎么办呢？

将水加热的话，大部分物质的溶解度会变大，这样就可以溶解更多溶质。所以只要加热就可以了。

但如果水温降低的话，溶化掉的物质会再次析出……就先把上面清澈的溶液取出来用吧。

由于水温降低，溶解度变小，

我们就又出现了。

70℃的糖水

20℃的糖水

溶液的浓度对比

在 1 分钟内制作出最浓的白砂糖溶液。究竟谁会胜出呢？

如何找出最浓的溶液呢？首先，有色溶质会使溶液呈现颜色，通过颜色的深浅就可以知道溶液的浓度了。

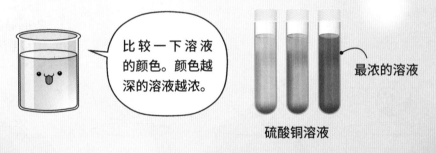

比较一下溶液的颜色。颜色越深的溶液越浓。

最浓的溶液

硫酸铜溶液

但无色溶质的溶液是无色的，不能通过对比溶液的颜色来比较溶液的浓度。

那就尝尝看看吧！最甜的溶液就是最浓的糖水溶液。

那么，当无色溶液不可食用时，该如何区分溶液的浓度大小呢？这时候就可以放入鸡蛋，通过观察鸡蛋的浮沉情况进行区分。

溶液越浓，鸡蛋就越往上浮。

最浓的溶液

固体的溶解度

我得做一个浓度 100% 的最浓的溶液才行呀。

别着急！溶剂（水）的量和温度，决定了能够溶解的溶质（白砂糖）量。

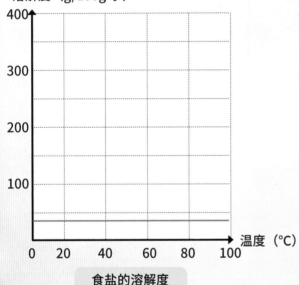

溶解度（g/100g 水）

食盐的溶解度

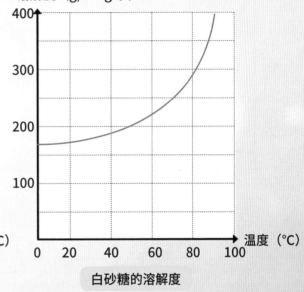

溶解度（g/100g 水）

白砂糖的溶解度

要怎么用这张图表找到对应的溶解度呢？

①在横轴（温度）找到溶剂（水）的温度。

②沿垂直于横轴的方向画一条线，与图表相交于一个点。

③从这一点出发沿垂直于纵轴的方向画一条线，纵轴上对应的数字就是在该温度 100g 水中能够溶解的溶质最大量。

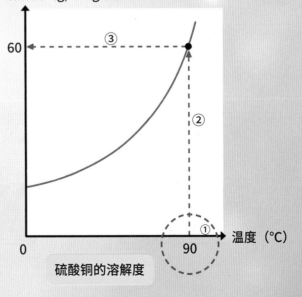

溶解度（g/100g 水）

硫酸铜的溶解度

气体的溶解度和温度

在一定的大气压下，气体溶质的溶解度也会随溶剂温度的变化而变化。

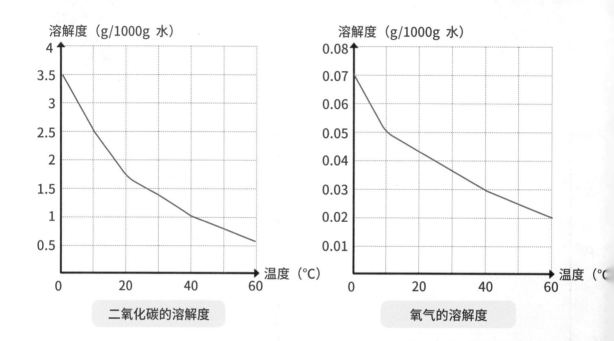

二氧化碳的溶解度

氧气的溶解度

大家有没有注意过，室温下储存的碳酸饮料气泡多，而冷藏储存的碳酸饮料气泡少。这是因为温度越高，二氧化碳的溶解度就越小，此时无法溶解的二氧化碳就会以气泡的形式释放出来。

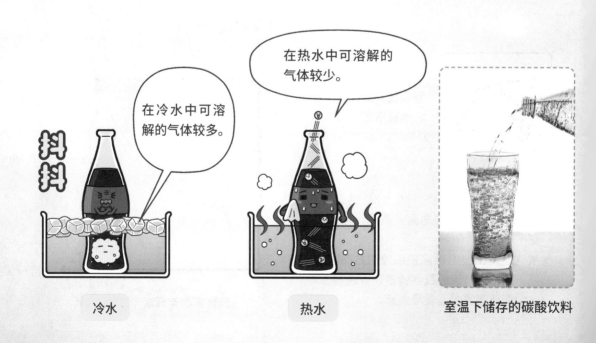

在冷水中可溶解的气体较多。

在热水中可溶解的气体较少。

冷水

热水

室温下储存的碳酸饮料

气体的溶解度和压强

　　气体的溶解度随压强升高而增大，所以喝剩的碳酸饮料一定要盖上盖子，在高压强的状态下储存。只有这样，才能长时间保留清爽的口感。

溶解了太多气体。

终于出来了！

固体的溶解度不受压强影响，但气体的溶解度随压强升高而增大。

高压　　　　　　低压

　　装有碳酸饮料的塑料瓶比普通矿泉水瓶更厚，外形更加曲折。这是因为在灌装碳酸饮料时，要在约 3.5 个大气压下溶解二氧化碳。3.5 个大气压就是我们日常生活中大气压的 3.5 倍。

　　将碳酸饮料瓶制作成弯曲的形状是为了分散瓶内的压力，从而使瓶子能够承受高压。如果气体的溶解度与压强无关，那么碳酸饮料瓶的形状应该和矿泉水瓶差不多吧。

碳酸饮料瓶　　　矿泉水瓶

好奇鬼 大元

为什么家里自制的冰块都是不透明的呢？

　　从超市购买的冰块是透明的，为什么家里自制的冰块是不透明的呢？那是因为有气体被封冻在冰块里。在将水冻成冰块时，水中没来得及"逃跑"的气体以气泡的形式被冻住，从而使冰块变得不透明。那怎样才能做出透明的冰块呢？首先要将水烧开，排出水中的气体。然后将装水容器的底部与冰冷的物体接触，让水从底部开始结冰，这样就能制作出透明的冰块啦！

封冻有气体的冰块

在 3414℃ 熔化的物质

知道了物质的沸点、凝固点和熔点后，我们就可以知道，在当前温度下，该物质是呈现固态、液态，还是气态。那么，物质随温度发生变化的特性，在日常生活中都有哪些应用呢？

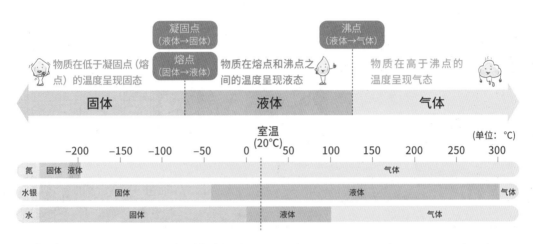

凝固点（液体→固体）

沸点（液体→气体）

熔点（固体→液体）

物质在低于凝固点（熔点）的温度呈现固态

物质在熔点和沸点之间的温度呈现液态

物质在高于沸点的温度呈现气态

| 固体 | 液体 | 气体 |

室温(20℃)

（单位：℃）

−200　−150　−100　−50　0　50　100　150　200　250　300

| 氮 | 固体 | 液体 | 气体 |

| 水银 | 固体 | 液体 | 气体 |

| 水 | 固体 | 液体 | 气体 |

氮的沸点为 -195.8℃，具有很好的吸热性。可用作冷却剂或冷冻剂。

汞的凝固点为 -38.8℃，在室温下呈液态。利用这种特性可制造温度计、气压表。

钛的熔点高达 1670℃，质硬而轻，可用于制造需耐高温的飞机发动机。

钨的熔点高达 3414℃，因其不易熔化，可用于制作灯泡的灯丝。

2. 新任务解锁！从混合物中分离食盐

混合物分离

妈妈在做辣白菜的时候，往白菜上撒上盐，白菜就会变得软趴趴的。如果把这个盐撒在液体怪物身上，也许会有用。

唰唰

干瘪

盐？对呀！值得一试！

唉，要是没有我，你们可咋办啊！

哦！不愧是大元哥哥，真是太帅了！

得意

什么？你说谁帅？

来，让我们准备反击吧？

嘿嘿

蛋黄味曲奇专用食盐

刺溜

嗬！

蛋黄味曲奇专用食盐

嗖

啊啊！

唰啦啦

竟然……全都混到一起，成了混合物。

……

哎呀！

哥哥！

多么难得的逃跑机会啊！现在要怎么办？问你呢！

利用混合物中不同物质的特性，我们是可以把它们重新分离开的。

各种物质混合形成的混合物中，每种物质的性质并不发生改变，我们可以从中分离出所需的物质。就像从各种食材混合而成的食物中，只挑自己喜欢的吃一样。

把沉底的米粒撇去，只吃上面的部分。

我真的很讨厌胡萝卜。

取出

吸溜

甜米露

那要用筷子一个个把它们挑出来吗？

那得什么时候才能挑完啊？我妈妈都是用筛子把它们分开的。

没错！就是用那个！

感觉会在这里……

翻来 翻去

找到啦！

当当

地上的钉子和螺丝也都混进去了，先用磁铁把钉子和螺丝分离出来吧。

然后用筛子……

这两个人在干吗呢？

我来。

我也想试试。

咔呀

别着急！先看看除去钉子和螺丝后还剩什么东西，再进行下一个流程吧！

剩下的混合物中有芝麻、石子、沙子、豆子和食盐。

石子和沙子
豆子
食盐
已用磁铁分离

芝麻

钉子和螺丝

呜哇！好酷啊！

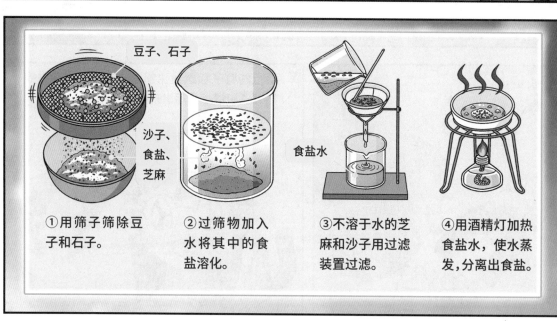

豆子、石子

沙子、食盐、芝麻

食盐水

①用筛子筛除豆子和石子。

②过筛物加入水将其中的食盐溶化。

③不溶于水的芝麻和沙子用过滤装置过滤。

④用酒精灯加热食盐水，使水蒸发，分离出食盐。

这样分离需要很长时间，有可能在完成之前就被液体怪物抓住了……

啊？

但这是能够重新获取食盐最可靠的方法了。大家快点行动起来吧！

嗯！

看，这些漂浮在水面上的是什么呀？

好像是芝麻……

为什么同样都是芝麻，有的浮在水面，有的却沉下去了呢？

啊哈！这是因为密度不同。密度小的芝麻会浮起来。

密度小的芝麻

密度大的芝麻

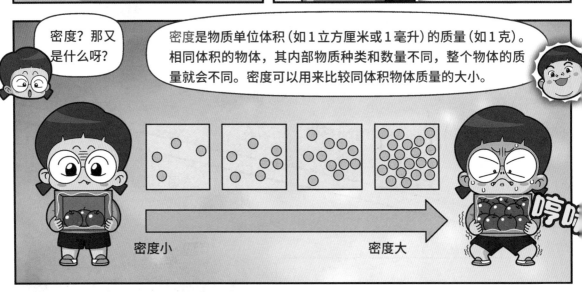

密度？那又是什么呀？

密度是物质单位体积（如1立方厘米或1毫升）的质量（如1克）。相同体积的物体，其内部物质种类和数量不同，整个物体的质量就会不同。密度可以用来比较同体积物体质量的大小。

密度小

密度大

嘿哟

同一物质，如果体积变大，密度就会变小。

比如，结实的铁块密度就比水大，所以会沉在水底。

而把铁薄薄地铺开，做成船型，排水量变大，受到水的浮力就会变大。因此，用铁做成的船才能浮在水面上。

漂浮

空气

咕噜噜

74

妹的好奇心　用铁做成的船是如何浮在水面上的呢?

密度是物质单位体积的质量。即使是同一物质,体积变大,密度也会变小。虽然铁的密度很大,但将其薄薄铺开做成船的形状,排水量变大,受到水的浮力就会变大。这样用铁制造的船就能浮起来了。

重物浮在水面上的方法

体重较重的大元下水了。究竟大元能不能浮在水面上呢？只要你知道物体浮在水面上的秘密，就会知道大元是能够浮在水面上的。

我！韩大元！论体重，绝对不输任何人。

咯咯！没错。都85千克了，没有人能赢过你。

虽然我个头大，但是密度小，所以我可以浮在水面上。

饱满土豆的密度比水大，所以会沉到水底。

但把土豆挖空减轻质量，其所受浮力大于自身重力，从而浮在水面上。

虽然我个头小，密度却比水大。

给土豆挂上两个装有空气的气球，浮力增大，土豆也会浮在水面上。

啊，我害怕水！怎么能突然把我推到水里啊？

哎哟，不要担心！你不是有游泳圈吗？

当然，密度小的充气垫也是个不错的选择。

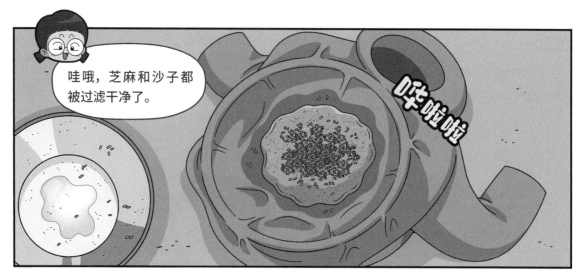

兄妹的好奇心 　　　**如何从盐水中获取食盐呢？**

从盐水中获取食盐，其实要比你想象的简单。只要将盐水煮沸就好了。将盐水煮沸后，里面的水变成水蒸气，容器中便只剩下固体食盐。好了，现在有了食盐，我们一起来做美味的料理吧！

加热盐水，水会先变成气体。于是水中溶解的食盐无法继续溶解在水中，就会以固体形式析出。

冒泡

咕噜

哇，真厉害！

过了一会儿

这些盐……也太少了吧。

原以为会有很多食盐，结果食言了吧。

嘿 嘿 嘿

什么意思啊？

闪闪姐姐居然玩这种谐音梗……

晕

嗝！

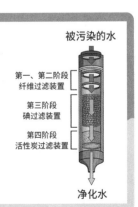

好奇鬼 大元

有可以随身携带的净水器吗？

在中国，我们可以很方便地买到洁净的饮用水，但是在缺水的国家，人们会因为喝了被污染的水而患病。由此，人们发明了便携式净水器。这种净水器的净水过程共分为 4 个阶段。第一、第二阶段是过滤掉漂浮在水中的大颗粒物和细菌，第三阶段是除去残留的细菌和病毒。第四阶段是除去对人体有害的细菌或重金属等物质。便携式净水器的体积虽小，但足足可以净化700 升的水！

被污染的水

第一、第二阶段
纤维过滤装置

第三阶段
碘过滤装置

第四阶段
活性炭过滤装置

净化水

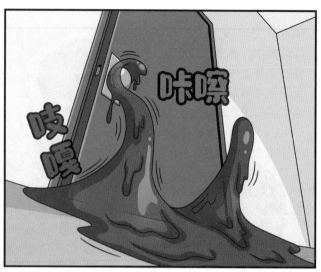

蒸馏：利用沸点不同分离混合物

大元通过蒸发盐水中的水得到了食盐。这种方法除了能够用来获取食盐，还能够用来获取水。如下图所示。

③水蒸气遇到盖子上冰冷的石头后再次变成水。

②盐水中的水变成水蒸气散逸。

①将盐水煮沸。

盐水

纯净水

再来点柴火。

哼哧

这种从混合物中分离出纯净液体的方法叫作蒸馏。我们的祖先在很早之前就用这种方法酿酒。

①加热浊酒，浊酒中的酒精会在78℃时汽化。

②汽化的酒精向上遇到冷水后，再次变为液体。

③这样收集起来的酒精就是烧酒。

冷水

浊酒

烧酒

咽口水

用谷物发酵而成的浊酒中混有多种物质，色泽混浊，酒精含量低。由于颜色混浊，所以叫作浊酒。

日常生活中的混合物分离

我们身边的物质大多数都以混合物的形式存在。

混合物的分离每天都在进行。下面就让我们来了解一下混合物在哪里，又是如何实现分离的吧？

从果园采摘的水果会根据大小或质量进行分类，然后分别装入不同的箱子进行销售。

茶叶中可溶于水的物质释放出来。

泡茶的过程中也有混合物分离。将装有茶叶的茶包放入水中，溶于水的成分就被分离出来了。

血浆
血细胞

血液分离

在检测血液之前，也要先分离血液。将血液以极高的速度进行旋转，血液中的物质会因密度不同而分离，然后进行检测。

煮汤的时候，动物油脂的密度比水小，油就会漂浮在汤的表面。而动物油脂吃多了不利于健康，所以会用汤勺把这些油脂从汤中舀出来。

蒸发掉海水中的水，从而分离出溶解在水中的盐。

用筛子过筛混有碎石、石块等物质的泥土，分离出细土。

3. 德利斯公司饼干工厂

酸性 / 碱性 / 指示剂 / 中和反应

德利斯公司饼干工厂？

唉，原来不是出口啊。

我们竟然还在工厂里……

但是能看见光，不就意味着我们已经逃出地下了吗？

出入证
德利斯公司
饼干工厂

黛西，你手里拿的是什么？

啊，你说这个啊？

这是我从仓库拿来的，想着说不定能用上呢。我妈妈说，食醋可以用来杀菌……

现身

啊！啊！黛、黛西，你后面！

以为我不知道呢！看招！

犀利

呆 呆

大家快逃！

啊！这法子行不通啊！

呃啊啊啊！（好酸啊！）

勃然大怒

等等，所有生物都是由蛋白质组成的。那么……

瞟

既然食醋这类酸性物质不管用，那就用碱性物质试试吧！

啊？

日常生活中的溶液可分为酸性和碱性两种。食醋、盐酸等酸性物质可以溶解鸡蛋壳和大理石，漂白剂、苏打等碱性物质可以溶解蛋白质。当然，还有像水一样既不是酸也不是碱的中性物质。

我们大多数带有酸味，会与金属发生反应产生氢气！

我是水，呈中性。随便品尝或触摸酸碱性物质会有危险，请小心哦。

我们大多带有苦味。

食醋 盐酸 刺啦

滑溜溜 漂白剂 氨水

| 酸性 | 中性 | 碱性 |

那个怪物也是生物，所以它也像我们一样体内含有蛋白质。

碱性物质能够溶解蛋白质，所以只要找到碱性物质就可以啦。

我们含有丰富的蛋白质，在健身人群当中很受欢迎！

豆腐

现在不是炫耀的时候，我们好像得逃跑了……

肉

吼吼，是吗？我也喜欢蛋白质，尤其喜欢溶解它。

氨水

酸性物质可以溶解鸡蛋壳和大理石碎片，但好像对怪物不起作用。

我们的身体正在溶解，好讨厌酸呀！

盐酸

咕嘟 咕嘟

鸡蛋　　大理石

感觉那个房间里应该会有什么东西，进去找找碱性物质吧。

大家快点！

兄妹的好奇心　**食醋会使大理石溶解吗？**

　　我们周围的物质可分为酸性、中性或碱性。其中食醋和盐酸等带有酸性的物质叫作酸性物质，它们可以溶解鸡蛋壳和大理石。相反，漂白剂和苏打等碱性物质则可以溶解蛋白质。

好奇鬼大元

花朵的颜色因土质而异？

绣球花在碱性土壤中开红花，而在酸性土壤中开蓝花。为什么会出现这种现象呢？其实，酸性土壤中大都含有大量有毒的铝离子，这让许多植物难以生存。但是绣球花可以吸收铝离子，并将其与自身色素相结合形成无毒物质。在这个过程中，花朵的颜色会变成蓝色。所以说绣球花开出蓝色花朵，是为了适应在酸性环境中生存。

酷炫的化学实验箱登场！

当当

这里面有很多种指示剂，包括BTB试剂（溴麝香草酚蓝水溶液）、酚酞试液、甲基橙溶液等，但就便利程度而言，石蕊试纸是当之无愧的第一名。因为它能够放在包里随身携带，紧急情况下立即使用。

喋喋不休

呃

嗯？但是为什么试纸的颜色不一样呢？

这个嘛……

妹妹的好奇心

能够变色的试纸究竟是什么东西?

指示剂是将某种溶液的性质通过自身的明显变化加以指示的物质。石蕊试纸使用方便,应用广泛。酸性物质可以使蓝色的石蕊试纸变红,碱性物质可以使红色的石蕊试纸变蓝。

各种各样的指示剂

能够指示溶液具有某种性质的化学药品叫作指示剂。实验室常用的指示剂有石蕊试纸、BTB试剂、酚酞试液、甲基橙溶液等。

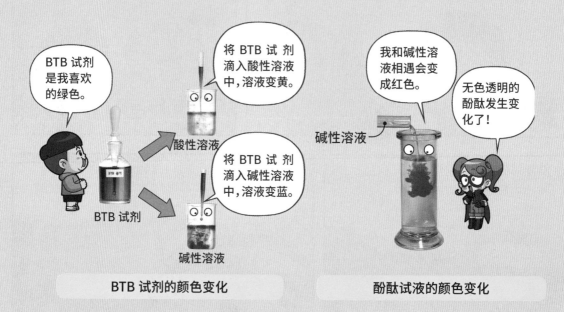

BTB试剂是我喜欢的绿色。

将BTB试剂滴入酸性溶液中，溶液变黄。

酸性溶液

将BTB试剂滴入碱性溶液中，溶液变蓝。

BTB试剂

碱性溶液

BTB试剂的颜色变化

我和碱性溶液相遇会变成红色。

无色透明的酚酞发生变化了！

碱性溶液

酚酞试液的颜色变化

在我们身边常见的水果蔬菜中，有的也能够作为指示剂使用，这种类型的指示剂叫作天然指示剂。下面一起来看看如何利用紫甘蓝制作天然指示剂吧！

使用剪刀时要小心手哦！

小心不要被热水烫伤哦。

②将热水倒入剪好的紫甘蓝中。

紫色，紫色……

①用剪刀将紫甘蓝剪碎。

③静待紫甘蓝中的紫色汁液充分浸泡后析出。

只需要紫色的汁液哦。

④用筛子过滤出紫色汁液。

在各种溶液中滴入紫甘蓝指示剂，溶液的颜色会随之发生变化。根据变化后的颜色，可以区分溶液是酸性还是碱性。

紫甘蓝汁液与酸性溶液相遇，就会变成像嘴唇一样偏红的颜色。

紫甘蓝汁液与碱性溶液相遇，就会变成偏蓝或偏黄的颜色。

像紫甘蓝一样，能够用其汁液来制作天然指示剂的水果蔬菜有茄子、玫瑰、甜菜、葡萄等。它们大多呈紫色。

用食醋中和掉了，现在应该就没事了！

这酸爽的味道……

呃！

中和？中华？中华料理？好吃啊。

哦！有意思！黛西你真是个人才。

这两人还真的是一类人呀。

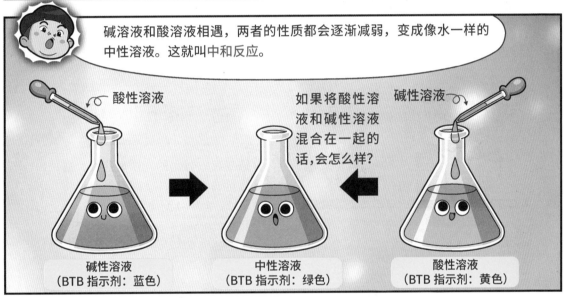

碱溶液和酸溶液相遇，两者的性质都会逐渐减弱，变成像水一样的中性溶液。这就叫中和反应。

酸性溶液

如果将酸性溶液和碱性溶液混合在一起的话，会怎么样？

碱性溶液

碱性溶液
（BTB 指示剂：蓝色）

中性溶液
（BTB 指示剂：绿色）

酸性溶液
（BTB 指示剂：黄色）

中和反应在日常生活中很常见，比如用牙膏刷牙。

口腔环境易呈酸性，引起蛀牙的细菌很容易在酸性环境中繁殖。这时，如果使用碱性牙膏刷牙，口腔内的酸性物质就会被中和，从而抑制细菌活动。

唰唰

唰唰

细菌

啊，我喜欢的是酸性环境。

以下这些也是中和反应。

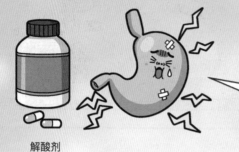

解酸剂
（碱性）

解酸剂（碱性）+ 胃酸（酸性）

胃酸是酸性物质，胃酸过多，胃就会酸痛。这时，吃碱性解酸剂可将胃酸中和，胃就不会痛了。

氨水

氨水（碱性）+ 蜂刺（酸性）

蜜蜂或蚂蚁分泌的物质呈酸性。在被蜜蜂蜇的地方涂抹呈碱性的氨水将其中和掉，就不会刺痛了。

石灰粉（碱性）+ 酸雨、肥料（酸性）

由酸雨和肥料导致的湖泊和土壤酸化，可喷洒呈碱性的石灰粉进行中和。

兄妹的好奇心　**为什么在吃生鱼片之前要滴柠檬汁？**

生鱼片的腥味源于其中混杂的碱性气体。在生鱼片上洒上呈酸性的柠檬汁，腥味就会被中和。因此，为了去除腥味，在吃生鱼片之前要先滴上柠檬汁。

好奇鬼 大元

食醋和食用碱还能用来打扫卫生？

食醋和食用碱是生活中常见的食品添加剂，有时也可用于日常清洁。食醋是一种酸性物质，能清除金属污垢，还能杀菌。而食用碱是一种碱性物质，可以和蛋白质污垢或油污发生反应，从而清除污垢。但如果将两者混合在一起，就会发生反应，不再呈现酸性或碱性。所以在打扫卫生时，食醋和食用碱最好分开使用！

食用碱

生活中的好帮手——酸和碱

让我们来了解一下酸和碱在日常生活中的应用吧。

首先，我们经常使用的香皂呈碱性。我们人体皮肤表面会不断生成蛋白质污垢（角质）和油脂，可以使用碱性的香皂将油脂溶解，然后用水冲洗干净。但如果碱性过强，皮肤屏障也会受损，所以清洁皮肤的香皂碱性很弱。

除香皂外，清洁卫生间及洗衣服的洗涤剂也大多是由碱性物质制成的，同样是为了清除蛋白质污垢。

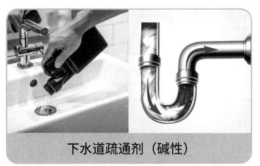

下水道疏通剂（碱性）

油污清洁剂（碱性）

制作食物时也会用到酸和碱。酸具有固化蛋白质的性质，人们利用这一性质制作奶酪。在牛奶中加入柠檬汁或食醋等酸性物质后再加热，牛奶中的蛋白质就会变硬，从而形成奶酪。除此之外，酸酸的味道还可以调节食物的风味。

在了解物质的性质之后，我们就可以适当加以运用，从而让生活更美好！所以不要忘记哦。

兄妹游乐场

♪ 寻找弄脏试纸房子的肇事者 ♪

有人在艾咪精心制作的石蕊试纸房子上留下了污渍！
肇事者一定留下了罪证！听听每个人的说辞，猜一猜谁是肇事者吧！

答案 第192页

A 污渍是 [ ] 留下的。

B 污渍是 [ ] 留下的。

第三章

物质的构成

1. 我们不愧是最棒姐妹花

原子 / 元素 / 分子

呃！那又是什么……先是怪力少女，又是真正的怪物？真是刚出虎口，又入狼窝啊。

黛西，他们就是坏蛋团伙零食团。

零食团？坏蛋团伙？

没错！

呜嗡！你刚才没看到我的下场吗？

上啊！曲奇！去打败她！

曲奇都说话了，看来是真着急了。

停一下！

我们双方暂时休战，好不好？

姐姐！我们完全可以赢的，休什么战啊？

冷静，现在不是时候。我们的首要任务是制服怪物。

紧握

光靠我们的力量，是无法击退液体怪物的。大家先齐心协力从这儿逃出去再说。

来！来！大家都过来，一起想想打败液体怪物的方法吧！

好的，小不点。先说说你的计划。

什么啊？我不是小不点。

起立

不过，我确实有一个计划。

是什么？

我的计划就是制造一颗原子弹。

赫然

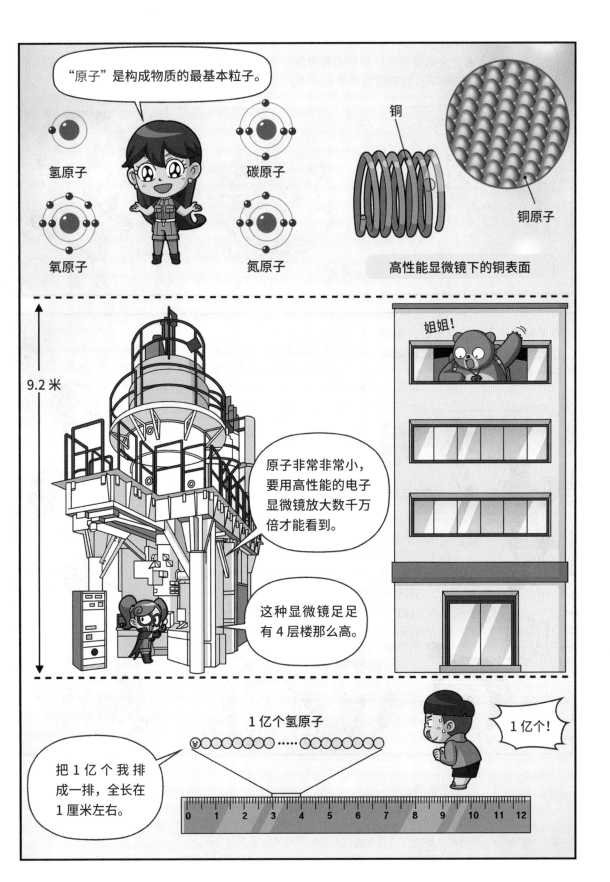

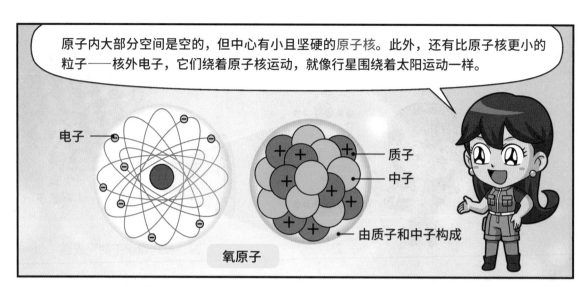

原子内大部分空间是空的，但中心有小且坚硬的原子核。此外，还有比原子核更小的粒子——核外电子，它们绕着原子核运动，就像行星围绕着太阳运动一样。

原子核几乎不会自然分裂，但可以人为强制使其裂变。这时就会产生爆发性的能量。

原子核在分裂成两个及两个以上更小的原子核时，会释放出巨大的能量并释放出中子。而释放出的中子会使其他原子核接着发生核裂变，这个过程叫作链式反应。

不会吧。把那么小的东西掰开就会变成炸弹？

噗哈哈哈！

兄妹的好奇心　构成物质的最小单位是什么？

原子是构成物质的最基本粒子。原子中心有一个小核，还有更小的粒子——核外电子绕着原子核运动。原子极其微小，须用高性能的电子显微镜放大数千万倍才能看到。

原子核和核外电子有多小？

　　原子核的直径约为 1 飞米～10 飞米，即 10^{-15} 米～10^{-14} 米。围绕在原子核周围的核外电子的大小只有原子核的 10 万分之一。假设原子有足球场那么大，那么原子核就是中间 1 厘米大的小珠子，而核外电子只有比赛场地周围飘荡的微尘那么大。那么，除了原子核和核外电子之外，原子的空间中还有什么呢？什么也没有。所以，如果将构成人体的原子全部压缩到一起，不留一丝缝隙，那么它还没有一粒盐大。

原子和元素到底有什么不同？就像炸酱面和海鲜面一样，能够准确区分开来吗？

元素是组成物质的基本成分，而原子则是不可再分的最小粒子。

还是不懂……

那我就借助果篮里的水果再给你解释一遍吧。

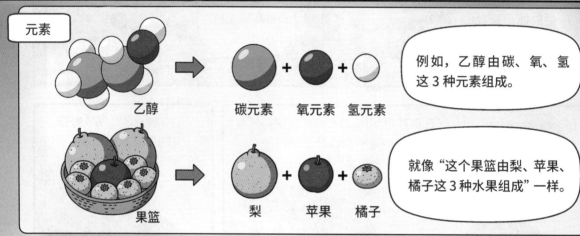

元素

乙醇 → 碳元素 + 氧元素 + 氢元素

例如，乙醇由碳、氧、氢这3种元素组成。

果篮 → 梨 + 苹果 + 橘子

就像"这个果篮由梨、苹果、橘子这3种水果组成"一样。

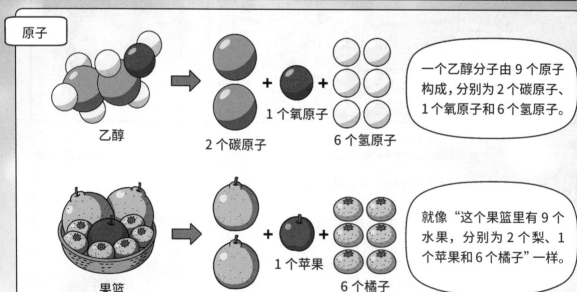

原子

乙醇 → 2个碳原子 + 1个氧原子 + 6个氢原子

一个乙醇分子由9个原子构成，分别为2个碳原子、1个氧原子和6个氢原子。

果篮 → 2个梨 + 1个苹果 + 6个橘子

就像"这个果篮里有9个水果，分别为2个梨、1个苹果和6个橘子"一样。

元素是一类原子的总称。

原子是构成物质的一种微粒。

怎么回事？黛西怎么比哥哥你还要厉害了？自从掉入这个地方开始，你好像变得有点奇怪了。

就是说啊。没办法集中注意力，所以用不了软糖的力量。

该不是……软糖……

难道……

你们两个在偷吃吧？

对、对不起。给你吃吧。

太好了，只是发现了好吃的而已。

这个软糖也是由 118 种元素中的某些元素组成的。地球上千姿百态的物质都是由这 118 种元素中的某些元素组合而成，是不是很神奇？

呜嗡。

我们身边的元素

以前，人们认为世界上只有4种元素，而改变这一观点的科学家正是波义耳。

元素竟然有118种？

突然

静悄悄

不过，以前的人们认为只有4种元素。

啊！你是谁啊？

我就是证明了"四元素说"错误的伟大科学家——波义耳。

"四元素说"是什么？

"四元素说"认为世界上所有的物质都是由水、火、土、气组成的。尽管这一假说现在看来完全是无稽之谈，但是这一观点曾统治人们的思想长达2000多年。

由于坚信"四元素说"，很多科学家沉迷于研究炼金术，连牛顿都是其中一员。

只要有水、火、气、土，就能创造万物。

我也同意！

那样的话，只要改变贱金属中4种元素的比例，就能制造出黄金了啊！

我要最先研究出来。

恩培多克勒

亚里士多德

分子

世间万物都是由 92 种元素*组合而成。那它们到底是如何组合的呢？

书上说组成地球上所有物质的元素总共只有 92 种，这像话吗？

嗯！像话。

啊！救……救命啊。你又是谁？

我？我就是"现代化学之父"——拉瓦锡。我是来回答你的问题的。

爸爸！

原子的种类的确很少，但原子间的结合方式有很多种，所以就形成了各种物质。

它们是怎样结合的呢？

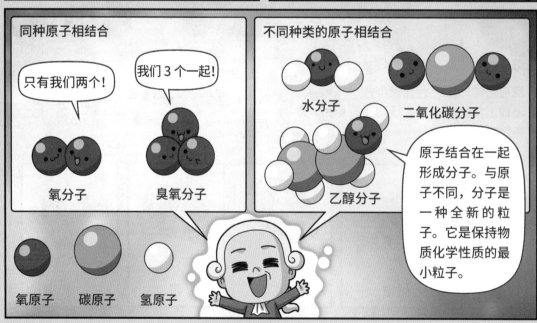

同种原子相结合

只有我们两个！

我们 3 个一起！

氧分子　　　　臭氧分子

不同种类的原子相结合

水分子　　　二氧化碳分子

乙醇分子

原子结合在一起形成分子。与原子不同，分子是一种全新的粒子。它是保持物质化学性质的最小粒子。

氧原子　　碳原子　　氢原子

*目前人类已知元素有 118 种。其中，前 94 号元素（43 号和 61 号除外）是地球上天然存在的，94 号之后的元素（包括 43 号和 61 号）都是通过人工合成的。所以说组成世间万物的元素有 92 种。

原子不能单独存在吗？

可以，但只有原子以多种方式相结合，才能形成各种不同的物质。

不同的原子种类和原子数量，可以组合成完全不同的分子。

我是水！

我们是用于漂白或消毒的过氧化氢。

仅仅是一个氧原子的差别，就变成了完全不一样的物质。

水分子

2 个氢原子
1 个氧原子

过氧化氢分子

2 个氢原子
2 个氧原子

 另外，不同的结合方式，也会产生性质完全不同的物质。

这些都是由同样的碳原子组成的物质吗？哇！

人们能够知晓这些都是我的功劳啦。我归纳整理了元素的概念，奠定了近代化学的基础，所以才被称为"现代化学之父"。

真是名副其实呀。

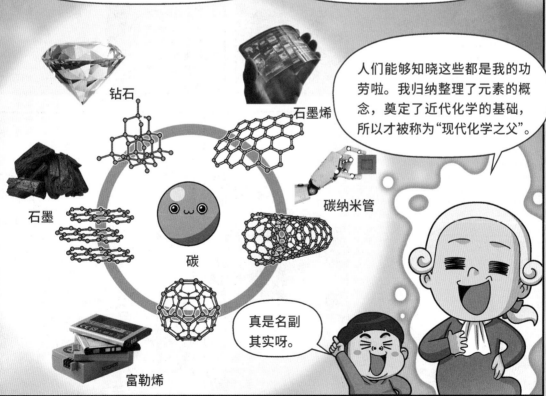

钻石

石墨烯

石墨

碳

碳纳米管

富勒烯

那姐姐你是不是能够制造出任何物质啊?你不是很懂元素吗?

也不是任何物质都能制造啦。

咚嗦

只要制造出能够破坏液体怪物的物质就行了。这里有两位史莱姆专家,应该知道要怎么做吧。

醒悟

哈! 就是那个!

活化剂!

活化剂又是什么东西?

咯咯咯

呀哈,心有灵犀!

勃然

大怒

你连活化剂都不知道？那可是史莱姆世界里最重要的物质！

我没做过史莱姆。

让我们两个史莱姆达人来告诉你吧。

制作史莱姆时，最重要的是黏韧性，让史莱姆既有韧劲又不黏稠。

手舞

足蹈

这时就需要使用活化剂啦！

呀哈

在黏稠的史莱姆中放一点点活化剂，神奇的事就会发生——它就会变得有韧劲！但如果放太多，它就会变成一块石头。

松软

松脆

松脆

史莱姆活化剂

适当

过多

那就用活化剂把液体怪物变成石头呗。

呀哈！

121

电解质饮料中鲜为人知的秘密

大汗淋漓时我们会感到口渴，这时候喝一些电解质饮料，口渴的感觉会立刻消失，还会感觉自己充满了力量。那么，电解质饮料到底是什么呢？为什么会产生这样的感觉？

电解质饮料又叫离子饮料，离子是指"带电荷*的原子"。原子由带正电荷的原子核和带负电荷的电子构成。一般情况下，原子核所带正电荷与核外电子所带负电荷，电量相等、电性相反，所以原子不带电。

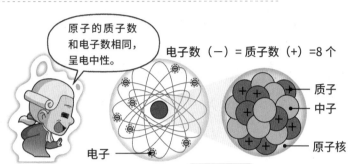

原子的质子数和电子数相同，呈电中性。

电子数（—）＝质子数（＋）＝8个

质子
中子
原子核
电子

氧原子

由于电子比原子核小得多也轻得多，它们很容易跑到其他原子中。当电子转移到另一个原子中时，原来的原子电子个数减少，就会带正电荷；相反，当原子获得其他原子的电子时，电子个数增加，原子就会带负电荷。这种带有正电荷或负电荷的原子就叫作离子，带正电荷的离子叫作阳离子，带负电荷的离子叫作阴离子。

* 电荷：物体或构成物体的质点所带的正电或负电。

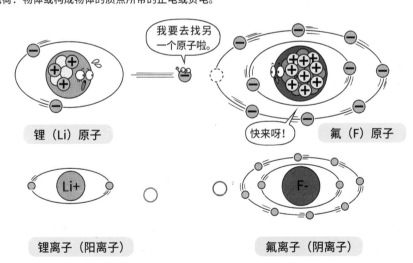

我要去找另一个原子啦。

锂（Li）原子

快来呀！

氟（F）原子

锂离子（阳离子）

氟离子（阴离子）

人体中也存在很多离子，它们参与重要的生命活动，如传递神经信号。但是当我们剧烈运动后出汗时，体内离子就会随着汗水流失。这时，饮用含有大量人体所需钠离子和钾离子的电解质饮料，疲惫的身体就能够迅速恢复精力。但由于电解质饮料中也含有很多糖分，所以我们一定要在需要时再去饮用电解质饮料。

2. 找到逃脱密室的密码

金属元素的焰色反应 / 元素符号 / 元素周期表

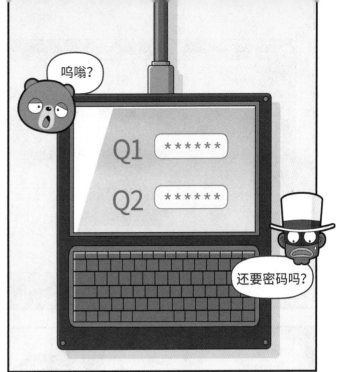

129

锂、钠、钾、铜、钙……

以上元素中，燃烧时产生紫色火焰的是哪一种？

只有两次作答机会

啊！

小熊熊，这些字明明都认识，为什么就是看不懂呢？

呜嗡？

嘿，我知道正确答案。

果然是吃了紫色智慧软糖的家伙，就是不一样啊。

听你这么说，我就知道肯定不对。

正确答案就是钠！

唰

钠

×

啊？！

软糖的能力怎么不好用了？直觉告诉我是钠呀。

无语……

什么……

孩子们，这好像是有关金属元素的焰色反应。

元素焰色？

这个大元应该知道的啊！是初中科学的内容。

因为我的脑子里有个橡皮擦，所以……

擦除

不知道呢！没学过吧？想不起来了。

上上周周三的午餐是？

嫩豆腐汤和辣炒猪肉，小菜有拌黄瓜和鸡蛋卷。甜点是酸奶！

吸溜

想再吃一次。

你看看你，都能记住两周前的菜单，却记不住上课学的东西。

只要是我吃过一次的东西，就绝对不会忘！

131

草莓，正确答案是什么？

紫色火焰……元素……

快想想吧。我们要比那些家伙先答对！

嗯

啊! 难道是焰色反应?!

灵光一现

焰色反应？那是什么？

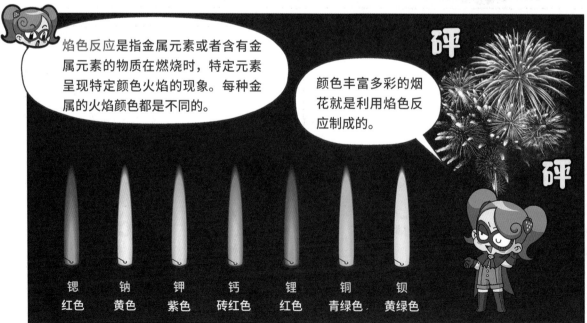

焰色反应是指金属元素或者含有金属元素的物质在燃烧时，特定元素呈现特定颜色火焰的现象。每种金属的火焰颜色都是不同的。

颜色丰富多彩的烟花就是利用焰色反应制成的。

砰

砰

锶	钠	钾	钙	锂	铜	钡
红色	黄色	紫色	砖红色	红色	青绿色	黄绿色

烟花是如何呈现多种颜色的呢？

不同金属元素在燃烧时会呈现不同颜色，这就是焰色反应。钠呈黄色、钾呈紫色、钙呈砖红色，锂和锶呈红色。装点夜空的烟花就是利用元素的焰色反应制成的。

Co OK MoRe POISON
27—8—19—42—75—15—8—53—□—□—□
根据题意，填入正确的数字

现在是吵架的时候吗？得赶紧输入正确答案啊！液体怪物正追过来呢！

大怒

扑腾

挣扎

来不及了。孩子们，赶紧在显示器上依次输入 16、8、7！快点！没时间了！

这些数字是什么啊？

等会儿再给你们解释！

咔嚓

门开了！

咳呃

推

慢吞吞的！给我让开！

16-8-

嗒嗒嗒

妹的好奇心　　**每种元素都有各自的序号吗？**

目前已知的天然元素和人工元素共有 118 种。科学家给这些元素进行编号并制成了一张表——元素周期表。这张表非常有用，可以帮我们掌握元素的特性、预测并研究化学反应等。

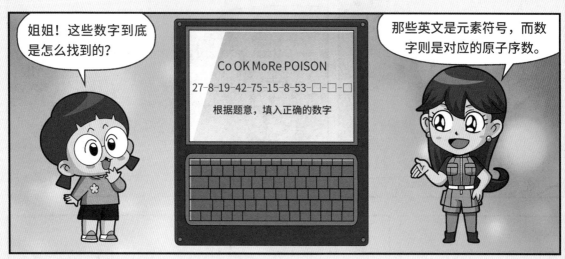

姐姐！这些数字到底是怎么找到的？

Co OK MoRe POISON
27-8-19-42-75-15-8-53-□-□-□
根据题意，填入正确的数字

那些英文是元素符号，而数字则是对应的原子序数。

元素符号是元素名称首字母的大写。

碳

当首字母相同时，就会在后面加入名称中的另一个小写字母。

我是1号元素，记作 H。

不要。我也要记作 H。

氦！你就加上中间的一个字母，记作 He 吧。

氢

氦

唉，为什么我是2号呀？要是1号的话，H 就归我了。

原子序数是由构成原子核的质子数决定的。你的质子数比氢多一个，所以你是2号。

说是我们的质子数更多。这不是好事吗？

所以，姐姐你是把118种元素的原子序数都背过了吗？

当然啦。学习了元素周期表，就可以轻松背下来啦。

元素周期表？

元素周期表是根据原子核中的质子数、电子排列及化学特性将元素进行系统分类所制成的表。

元素周期表的纵列叫作族。位于同一个族的元素化学性质相似，因此被称为同族元素。

找到了！密码中的元素们。

H —— 序数
H —— 元素符号
氢 —— 原子

元素周期表中的横行叫作周期。

镧系

锕系

Co O K Mo Re P O I S O N
27-8-19-42-75-15-8-53-16-8-7
钴 氧 钾 钼 铼 磷 氧 碘 硫 氧 氮

哦吼！也就是说姐姐刚才是用元素周期表解开了谜题？

是的，没错。找出题中字母对应的元素符号，最后3个是S（硫）、O（氧）、N（氮）。它们的原子序数就是答案。

啊！有两条路呢！

该往哪儿走呢？

这边！

哦！

确定是这个方向吗？哥哥是怎么知道的呢？

是软糖的力量吗？！

刚才弹鼻屎的时候，往右边去了。

呃！真恶心。

弹

天哪！真帅！

草莓！不能用你的力量探探路吗？

呃！我现在心里慌慌张张的，根本没法集中注意力！

快跑

走这边！凭我动物的直觉！

是吗？那就只能相信你啦，曲奇。

对啊！曲奇是动物！一起说话习惯了，都忘记它是动物了。

搞笑兄妹

零食团

好奇鬼大元

药？毒药！

汞是金属元素中唯一一种在室温下呈液态的元素。它还像银一样闪闪发光，自古就被认为蕴含神秘的力量。在古代欧洲，汞被用作药及化妆品；在中国的秦朝，汞还曾是秦始皇的长生不老药。其实，汞有剧毒，是一种会破坏生物神经系统的危险重金属。由于不了解其危险性，很多科学家在实验过程中因汞中毒而身亡。直到现在，汞仍被用于制作温度计或气压计。大家使用的时候千万要小心。

如何给元素命名？

认字游戏开始！锂怎么读？

Li。钕怎么读？

钕？那是什么？

在认字游戏中，哪些字可以难倒对手呢？你可以试试元素的名字。元素名中难认的字数不胜数，诸如钕、锂、钫、铍、镥等。怎么样？是不是一个都不认识呢？那么，这些元素名称是谁取的，怎么取的，为什么会有这么多难认的名字呢？

首先，金、银等很久以前就开始使用的元素，大都是以该元素组成的物质名字进行命名的。而后来发现的元素则是根据其特征来命名的，比如，居里夫妇发现的镭（radium, Ra）就含有"向四周散发强烈的光芒"（radiate）的意思。

有的元素名称也取自科学家的名字。其中，最早的例子是96号元素——锔，它是用来纪念居里夫妇的。此外，还有用爱因斯坦的名字命名的"锿"，用诺贝尔的名字命名的"锘"等。总共有14种元素通过这种方式命名。

96
Cm
锔

用发现了镭和锔元素的居里夫妇的名字命名的元素。

99
Es
锿

用创立了相对论的爱因斯坦的名字命名的元素。

101
Md
钔

用制作出元素周期表的门捷列夫的名字命名的元素。

102
No
锘

用发明了炸药的诺贝尔的名字命名的元素。

112
Cn
鎶

用因提出"日心说"而闻名的哥白尼的名字命名的元素。

最近元素周期表上新增的元素，都是在实验室人工合成的人造元素。因此，这些元素通常以合成者的姓名或合成地的地名命名。比如，115号元素镆（俄罗斯莫斯科）和117号元素䃲（美国田纳西州）是以地区的名称命名的；而118号元素鿫（俄罗斯核物理学家尤里·奥加内西安）是以科学家的名字命名的。在亚洲合成的第一个人造元素鉨（nihonium），源自"日本"的日式发音"Nihon"。

兄妹游乐场
解密零食金库

曲奇想要偷吃零食，但保险箱设置了密码。让我们来帮助曲奇吃到零食吧！

答案 第 192 页

CaNd□
□—60—39

Co□KIEs
27—8—□—53—99

CHoCoLa□
□—67—□—□—52

第四章

物质的变化

1.黛西的最后一击

物理变化／化学变化

一直都在让着你们，这次让你们瞧瞧我的厉害！

瑟瑟发抖

嗯？

现在知道我不好惹了？不过还不算晚，只要你们交出软糖……

静悄悄

呃啊啊啊！

什么啊？曲奇，是你吗？

呜呜……

拖

拖 拖

刚才的攻击太着急了，只是困住了脚。

咦，你的脚怎么变成这个样子了？

呜呜。

你们到底做了什么？

这个嘛，嗯，就是扔了点活化剂。

我来给你解释一遍吧。

构成那个怪物形体的液体胶与硼砂接触，发生了变化。这种变成与之前完全不同的新物质的现象，叫作化学变化。

也就是说，现在那个怪物的腿是一种新物质。

兄妹的好奇心 **液体怪物的腿为什么会凝固？**

因为液体怪物的构成物与硼砂相遇，发生了化学变化，生成了新物质。一旦发生化学变化，构成物质的原子排列方式就会发生改变，从而生成性质完全不同的新物质。

哦，还挺厉害的嘛。

当然还是比不上大元哥哥厉害！

呃！

说起化学变化和物理变化……

好奇鬼 大元

肉为什么烤着更好吃呢？

肉只要烤烤就很好吃，不需要加特别的作料，这是因为发生了一种名为"美拉德反应"的化学反应。肉在被高温炙烤时，其中的蛋白质和糖会发生化学反应，变成可口诱人的褐色，并产生鲜味。此外，化学反应生成的新物质还会释放出类似洋葱、巧克力、土豆等不同风味。这一化学反应在烤面包以及制作油炸食品时也会发生。因此，通过烧烤或油炸加热的料理会更加美味！

黛西！就是现在！

重击

咔嚓嚓

好嘞！

握

硼砂引起的化学变化

和力量引起的物理变化

两者超完美配合！

咯咯咯

啪

这画面似曾相识……

蠕动 蠕动

包裹我身体的东西虽然碎了，但我还安然无恙。嘿嘿……

妹的好奇心

黛西是如何击溃液体怪物的？

液体怪物被黛西击碎了！这种物质的形状、大小和体积等发生改变的变化叫作物理变化。物理变化与化学变化不同，物理变化保持物质化学性质的最小粒子本身不变，只是粒子之间的间隔运动发生了变化，没有生成新的物质。

物理变化

自然界的所有物质都在不断地发生变化。当物质的性质没有改变，只是形状和状态发生改变时，这种变化就叫作物理变化。

花香四溢、墨水在水中扩散也是物理变化，它们的性质并没有发生改变。

切蔬菜或杯子破碎都属于物理变化，它们只是形状发生了改变。

白糖溶于水的溶解现象也是物理变化。

白糖真的好甜！

糖水也是甜的，白糖性质没有变啊！

白糖

冰激凌融化……

拍拍

以及巧克力由液态变为固态也都是物理变化！

当物质发生物理变化时，其粒子间的距离和排列方式会发生变化。由于决定化学性质的粒子的种类不变，所以物质的性质也不发生改变。

气体

液体

化学变化

在物质变化中，如果某种物质变成了性质完全不同的物质，那这种变化就是化学变化。

烤箱中出炉的面包和之前面团的味道、颜色、触感等都不一样，这是由于物质的性质发生了变化。

削好的水果颜色会变成褐色，你肯定见过吧？这也是由于水果的性质发生了变化。

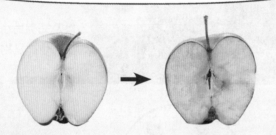

物质燃烧，发出光和热也是物质性质发生改变的化学变化！

将鸡蛋浸泡在食醋中会产生气体！

食醋

鸡蛋

将两种物质混合后，不溶于水的新物质产生了。这也是化学变化。

碳酸钠 + 硫酸铜→
碳酸铜（沉淀）+ 硫酸钠

硫化钠 + 硫酸铜→
硫化铜（沉淀）+ 硫酸钠

硫化钠 + 硫酸锌→
硫化锌（沉淀）+ 硫酸钠

发生化学变化时，物质的性质之所以会改变，是因为产生了新物质。

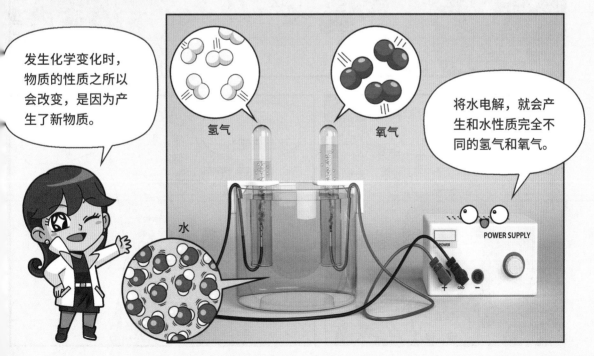
氢气

氧气

将水电解，就会产生和水性质完全不同的氢气和氧气。

水

POWER SUPPLY

由化学变化和物理变化形成的洞穴

钟乳石

好像冰柱啊。

这不是冰柱，而是钟乳石。从钟乳石上滴下来的液体在地面上不断累积，就形成了石笋。

石柱

石笋

由化学变化形成的石灰岩洞

　　石灰岩洞大多奇形怪状，仿佛烛泪从巨大的蜡烛上滴落下来。石灰岩洞多见于碳酸钙构成的石灰岩地区。由于碳酸钙易溶于酸，当带有弱酸性的地下水或雨水流经石灰岩地带时，碳酸钙构成的石灰岩就会慢慢溶解。经过数百年乃至数千年的演变，石灰岩洞就形成了。

由物理变化形成的海蚀洞

　　海蚀洞是海岸线附近的岩石被海浪冲刷销蚀而形成的洞穴。在海浪的作用下，岩石脆弱的部分碎裂并产生空隙，空隙在海浪的不断冲刷下慢慢扩大，最终形成了洞穴。

海蚀洞穴原来是海浪造成的啊！

这些纹路是岩浆流过后留下的痕迹。

由物理变化形成的熔岩洞

　　这是个由岩浆形成的洞穴。岩浆流动时，表面因冷空气快速凝固，内部滚烫的岩浆却持续流动。它们熔化地下岩石，形成了巨大的洞穴。

2. 香草的过去

化学反应 / 燃烧 / 灭火 / 防止氧化

四处张望

草莓，你在干什么？

你这是做什么？

吓一跳

老实待着。不做处理的话，说不定会发炎呢。

嘶

过氧化氢

啊！草莓！你看看这个！

......

往外咕嘟咕嘟冒气泡呢！

这样没事吗?! 呜嗡！

咕嘟咕嘟

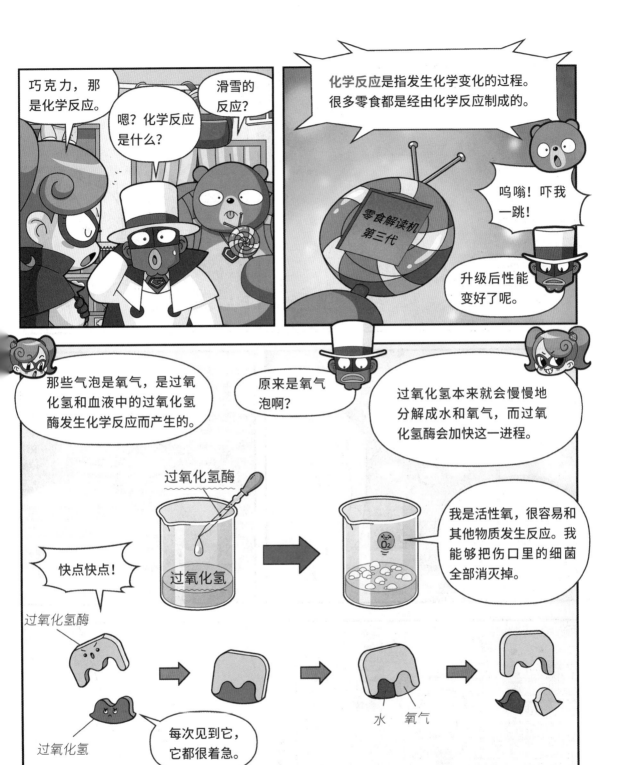

我还以为是你涂了毒药才产生气泡的呢。

我可没那么坏！

毒药?!

香草，不管怎样，你这次的计划又失败了。现在我们也不会再听你发号施令了。

没错！不是说让我们等着就行的吗？结果你连有怪物出现的事情都没有告诉我们……

这算什么团队合作啊！

生气

不要躲在我后面说！

而且这个地下空间又是什么地方？不仅有实验室、材料仓库，连饼干制造机器都有！

……

你们不知道吧，这里曾经是德利斯公司生产各种零食的工厂。

滴溜

滴溜

虽然不知道火是怎么着起来的，不过风扇的风……

工厂里到处都是的油桶、卡式炉……

润 润滑油

火灾发生的条件全都具备了。

氧气（空气中的氧气）

滴溜
滴溜

滴溜
滴溜

刺啦

着火点以上的温度（电火花、摩擦火花等）

可燃物（可以燃烧的物质）

刺啦

润滑油

快倒水！

嗯！

绝对不行！

这很有可能是油或电引起的火灾。得用灭火器灭火!

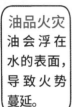

电气火灾会因水而发生触电。

刺啦

油品火灾油会浮在水的表面，导致火势蔓延。

蔓延

水很危险，大家把灭火器拿来!

那个，灭火器在哪儿……

连灭火器在哪儿都不知道吗?! 让开!

砰砰

在这儿!

灭火器

就那样，我们扑灭了工厂的大火。灭火过程很艰辛，好在避免了更大的火势。

刺啦

熊熊燃烧

兄妹的好奇心　**火是怎么燃烧的，又是怎么熄灭的？**

燃烧需要同时满足 3 个条件，即物质具有可燃性、可燃物与充足氧气接触、可燃物温度达到其自身着火点。任一条件无法满足，火就会熄灭。所以在灭火时，可以采取的方法有喷水、使用灭火器或者覆盖隔绝氧气的材料等。

灭活过程？

不是灭活，是灭火……

着火叫作"燃烧"，把火灭掉叫作"灭火"。

嗝

只要消除燃烧所需条件中的一个就能灭火。

例如，关掉天然气阀门从而阻断燃气泄漏，移除可燃物。

打开
关闭
快跑

移除或隔离可燃物

盖上湿毛巾或沙子以隔绝氧气。

扑棱

隔绝氧气

把火的温度降到低于开始起火的温度（着火点）。泼水可以降温，但有些情况下不能泼水。

唰啦

降温（降到着火点以下）

好奇鬼
大元

有时候会为了灭火而故意放火？

当大规模山火发生时，人们有时会为了灭火而故意放火。这种方法叫作反向点火，通过率先将可燃物（树木）燃尽，从而阻止火势蔓延。反向点火应该在山火蔓延方向的前方进行，但实际上，由于火灾现场的风向会一直变化，所以很难把握山火的蔓延方向。因此，反向点火是最后的灭火手段，使用时必须非常慎重。

燃烧

为什么点不着火？

再试试，哥哥。

哼味

你们之所以点不着火，是因为不满足燃烧条件。

那又是什么？

燃烧条件？

着火点以上的温度

可燃物

氧气

石蜡蒸气（气体）

蜡液（液体）

石蜡（固体）

燃烧需要可燃物和氧气，温度还要高于着火点。

呀，点着了！

熊熊

点燃蜡烛（石蜡）的蜡芯后，靠近蜡芯的石蜡会熔化成液体（蜡液）。

蜡液沿着蜡芯上升，在烛火的高温作用下变成气体。

一定要 3 个条件都满足吗？

当然啦！那让我们来验证一下，如果缺氧的话会怎么样吧？

氧气充足的容器

氧气不足的容器

氧气不足的容器内蜡烛先熄灭了。

氧气充足的容器

氧气不足的容器

氧气有助燃的作用。

不过，要是没有可燃物（燃料），就算有氧气，火也是点不着的。

在快要熄灭的火中注入氧气，火就会复燃。

利用高温焊接两种金属时，氧气也大有用处。

酒精灯里的酒精、

燃气灶里的燃气、

篝火中的木头都是燃料。

此外，热量也是必需的！物质开始燃烧时的温度被称为着火点，不同物质的着火点各不相同，而且它们升温的方式也多种多样。

用打火石摩擦铁片

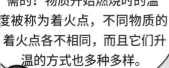

只有这 3 个条件都得到满足，物质才能被点燃，并发出光和热。

用凸透镜聚焦阳光

用火柴头摩擦火柴盒

用电发热

光

啊！现在能看见了。

热

啊！好暖和！

在燃烧的过程中，燃料会变成其他物质，那就是水和二氧化碳！

这又是怎么知道的呢？

水的生成，可以用氯化钴试纸确认。因为蓝色的氯化钴试纸遇水就会变红。

氯化钴试纸

石灰水

而二氧化碳嘛，通入石灰水中就可以确认啦。石灰水原本是清澈透明的，但遇到二氧化碳就会变浑浊。

红色

变浑浊

灭火

那么如何灭火呢？说一说你们知道的灭火方法吧。

3个条件中只要有一个条件不满足，火就会熄灭。

热

氧气 O₂

可燃物

第一个方法是，"呼"，用嘴吹灭！

很好！除去了可燃物石蜡蒸气，火就熄灭了。

呼

第二种方法是喷水灭火。

将温度降低到着火点以下从而灭火。同时，喷出的水会变成水蒸气，还具有隔绝氧气的作用。

味味

用毛巾盖住

撒上沙子

用杯子扣住

欧耶！5个方法！

隔绝助燃的氧气，火就会熄灭。

紧紧夹住或剪断灯芯，燃料物质无法顺着烛芯上升，也能够使火熄灭。

味嗖

紧紧地

快上去！

紧紧地

不行，我上不去啊。

着火的时候怎么办？

尽管灭火的方法有很多，但是这些方法并不适用于所有情形。

最好使用灭火器或盖上浸水的被子将其扑灭。

千万不能用水浇灭因油或燃气引起的火灾。

扑棱

因电引起的火灾中也不能用水灭火，否则会有触电的危险。

首先要切断电源，

然后使用灭火器。

为了以防万一，我们来了解一下灭火器的使用方法*吧！

嘎吱

唰唰唰

把灭火器搬运至起火的地方。

拔掉灭火器的保险销。

站在火源的上风口，用手握住橡胶管对准着火的方向。

压下压把，即可灭火。

还有火灾逃生的要领！

哗啦

丁零零

滚烫

用水打湿身体，躲避到安全出口处。

按下火灾警铃，提醒人们发生火灾。

如果门把手很烫，寻找其他出口。

用湿毛巾捂住口鼻，身体采取较低姿态移动。

*灭火器在操作上有一定要求，不提倡小朋友独自操作。另外，灭火器不是玩具，非火灾情况下不能随意玩耍哦。

闪亮 闪亮

难怪每个角落都有被火烧过的痕迹，但是机器竟然完全没有生锈，就像新的一样。

这家伙该不会是……每天都要擦拭机器吧。

窃窃私语

光是仔细擦拭，达不到这样的效果。

大部分金属都会氧化生锈。

氧化?

就是和氧结合的反应。

我非常喜欢黏着其他物质和它们发生反应，特别是金属。嘿嘿!

吭味

快给我下来!

别黏着我!和你黏在一起，我就会变得很奇怪。

金属

氧

170

金属中的铁在有水和氧气的环境中，很容易生锈。你们见过红色的铁锈吧？

金属一旦生锈，就会变得脆弱，还会容易磨损。这就叫作金属的腐蚀。

啊哈！原来是铁在水和氧气的共同作用下生成了铁锈啊。

铁锈

水

铁

氧气

铁锈

水

铁

还是你懂我，谢谢。

呼

由于火灾，这个地方关闭了，员工们都搬到新工厂去了。

而我不想离开我第一次工作的地方，所以向老板表示自己要在这里留守，哪怕只有一个人。

为了防止机器氧化，我经常给机器上油上漆。

防止氧化和刷漆有关系吗？

啊，居然连这种最基本的东西都不知道……

油和油漆不亲水。因此在铁表面涂上油或油漆，阻隔氧气和水侵入，可以在一定程度上防止氧化。

是吗？

法国巴黎的埃菲尔铁塔就是钢铁结构建筑，据说，它每7年就要刷一次漆，以防止氧化锈蚀。

氧气

水分

油漆

铁

比较贵重的机器我还会上镀。

上镀？

兄妹的好奇心　**如何防止金属生锈？**

金属遇到空气中的氧气和水就会发生化学反应而生锈。锈不仅不美观，还会使金属变得更脆弱。为了防止生锈，可以在金属表面涂上油漆或者镀上其他金属。

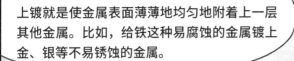

上镀就是使金属表面薄薄地均匀地附着上一层其他金属。比如，给铁这种易腐蚀的金属镀上金、银等不易锈蚀的金属。

所以大多时候用我来当镀层。我其实比铁更容易生锈，但是我的锈能够阻隔氧气和水。

没必要用那么贵重的金属吧？

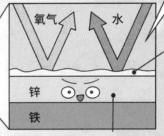

氧气　水

锌锈
呈白色，与锌相似，故不太显眼。

锌　一种比铁更容易氧化的金属。镀锌能隔绝氧气和水，还能代替铁发生氧化，从而保护铁免受氧气和水的侵蚀。

一瞄

呜嗡？

咚咚

呜嗡！

他又怎么了？

不知道，是在找零食吗？

转　转

呜嗡！　　呜哼！

呜……（我的软糖……）

你要一直这样坐着吗？

对啊，香草。我们先一起回到宇宙飞船里去吧。

咳

我不需要你们的帮助……

收起你那没用的自尊心吧。

等找到所有软糖后，我们会帮你修理工厂的。

我们不是一个团队吗？

呜嗡！

嗖

哈

好。

紧握

让名画改名的化学反应

这幅画是巴洛克时期著名画家伦勃朗的代表作——《夜巡》。但事实上，这幅团体肖像画的正式名称应为《班宁·柯克上尉的民兵连》，而且描绘的是白天而非夜间的景况。那么，这幅画的背景为什么变成了夜晚呢？

伦勃朗在这幅画中用了很多土黄色、白色、褐色、亮黄色颜料，而这些颜料中含有大量的铅（Pb）。铅是带有银灰色光泽的金属，与硫相遇后会发生化学反应，生成黑色的硫化铅。欧洲工业革命之后，从工厂烟囱中排放出的硫酸化物大量存在空气中。结果，颜料中的铅与空气中的硫酸化物发生反应，生成黑色的硫化铅。就这样，画的颜色也逐渐变暗。直到 100 年后的今天，这幅画就变成了民兵连在黑夜中巡查的样子了。

因此，博物馆或者美术馆为了防止作品发生化学反应，会隔绝或调节能够引起化学反应的要素，如光、氧气、温度等。除此之外，还会利用化学反应来复原被损毁的艺术作品。

3. 软糖英雄！搞笑兄妹

吸热反应 / 放热反应

哎哟！

我的头、肩膀、腰、腿啊。

哈

拯救世界回来，浑身上下哪儿都不得劲。

别再无病呻吟啦。别人听了还以为你成了英雄呢。

翻来

覆去

啊……我起不来了。

哎哟，我们的软糖英雄回来啦！听说你们和怪物战斗吃了很多苦啊？

看来在我们吃苦的这段时间，教授过得很开心啊……

晕

谁能告诉我，他们到底是怎么了？

啊！

哥哥，你的脚脖子怎么肿成这样了？好像从刚才就开始一瘸一拐的……

哈哈！没、没什么啦，只是稍微扭了一下而已。你现在是……在担心我吗？

当然担心啦！

艾咪……

话说回来，得先给脚腕降温才行……

大元，事出突然，先用这个敷一敷吧，缓解下疼痛。

原来是冷敷袋啊！

就是像蝙蝠吸血一样，把热量"吱吱"地吸出来。

啊！

嘿嘿嘿

哈哈！艾咪，不是吸血，是溶解吸热。

有些物质溶于水，会从周围吸收热量。

现在要溶解了，所以我要拿走一些热量！

呃啊啊！热量被抢走，温度降低了！

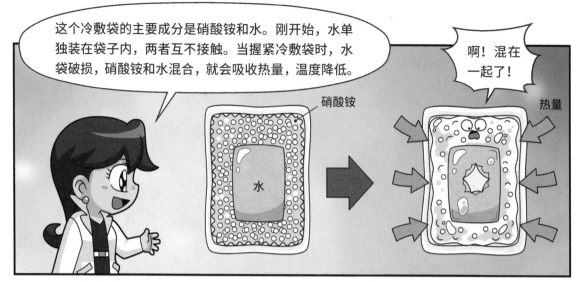

这个冷敷袋的主要成分是硝酸铵和水。刚开始，水单独装在袋子内，两者互不接触。当握紧冷敷袋时，水袋破损，硝酸铵和水混合，就会吸收热量，温度降低。

啊！混在一起了！

硝酸铵

水

热量

啊，好一点了呢。

舒服

哎呀，简直是个空调口袋，好神奇啊！

艾咪，这段时间因为哥哥经常着急上火吧？来！哥哥给你降降温！

啊！

颤抖

奸笑

刚敷过脚的东西又放到我脖子上?!好臭啊！

嗅

嗅

兄妹的好奇心　冷敷袋是如何变凉的呢？

当按压冷敷袋时，其中的硝酸铵和水相互混合，就会吸收周围热量。这种现象被称为溶解吸热。而冷敷袋中的两种物质完全混合后，溶解吸热就不会继续发生了。

哈哈，你们回来之后，研究所终于有点生气了。

臭烘烘

呃！

啊！话说回来，我们不在的这段时间，教授一切都还好吧？

怎么会好呢？每天都在担心你们，没睡过一天的安生觉。呜呜！

呜

博士，你这个不安生，不是因为没见到索拉乐队的佑静而独自神伤吗？

天雷

哭哭啼啼，要死要活的……

干咳

好奇鬼 大元

没有汽油的汽车也能够行驶吗？

作为汽车燃料的汽油在燃烧过程中会释放出很多有毒物质，对环境造成不良影响。因此，新能源汽车近来备受关注。它以电池提供的电能作为动力来源，在行驶过程中不会产生有害物质，对环境的不良影响远小于汽油。

当然不是!绝对没有!

嗯？

咕噜噜噜

什么声音?!

嘻嘻，肚子里的闹钟响了呢？

我还以为是液体怪物又出现了，吓我一跳!

那是从人的肚子里发出来的声音吗？

咕噜噜噜

肚子饿了吧？一直跑来跑去的，我们大元到现在一顿饭都没吃呢。

所以我早有准备。

哪怕是通过这种方式，我也得好好露个脸。

沙沙响

182

拉一下包装盒上的绳子

刺啦

伊格鲁牌自热便当

当当！伊格鲁牌自热便当！要趁热吃哦！

伊格鲁牌自热便当

哇啊！真亮眼！

哇

便当瞬间就会发热，然后加热里面的饭。

咕嘟 咕嘟

伊格鲁牌自热便当

好了，完成！快趁热吃吧！

那个便当是我的！

哈啊

这个味道?!

哇！

好吃

简直太美味啦！

美味

可口

就像刚做好的饭一样热乎！

这是利用放热反应制成的便当。

是跟吸热反应相反的反应。

放热反应是发生化学反应时向周围释放热量的反应。生活中常见的暖宝宝贴就是利用这一反应制成的。

反应物和生成物的能量差会释放到周围环境中。

冷敷袋

硝酸铵 + 水

周围的温度降低

周围的温度上升

溶解吸热（吸收周围的热量）

暖宝宝贴

铁 + 氧

反应放热（向周围释放热量）

能量

反应物

放出能量

生成物

反应过程

放热反应中的能量变化

……

好好吃！

你在想什么，从刚才开始就一直若有所思？

博士，就是那个零食团……想来想去，总觉得和德利斯公司有关。

兄妹的好奇心　暖宝宝贴是怎样变热的呢？

暖宝宝贴发热的原理是内部物质混合后发生化学反应，同时放出热量。这种化学反应也被叫作放热反应。利用石油或天然气燃烧放出的热能来驱动汽车行驶或取暖，也是利用了放热反应。

给我带来幸福感的德利斯公司绝对不可能！

笃定

哇，因为这个理由，就能得出来这样的结论吗？

嗬

蛋黄味曲奇专用食盐

这么一说，我突然想起来了。刚才那个地下仓库里不是有"蛋黄味曲奇专用食盐"吗？

而且仓库里到处都是印着德利斯公司标志的箱子。

德利斯

德利斯

啊？

细细想来，零食团的名字也有点……

那现在该怎么办？

你们先回家吧，明天再制订应对计划也不晚。

是啊，孩子们，我送你们回去。

走吧，哥哥。我们先回家休息，之后再制订计划吧！

便、便当得带走啊。

嘿嘿，回家要把它们都吃掉。

哎哟，就怕别人不知道自己贪吃呢。

哇！到家了！

再见，好好休息！

101

下次再见！

喂?

啊，是的。这次没找到软糖，不过好像知道了零食团的真实身份。

哈哈

嗯……就是说啊。

索拉乐队的活动我也在关注。

看来离我们重新共事的日子已经不远了，佑静。

轰隆

食物也要讲究搭配！

我们所摄入食物中的营养元素会在人体中变成很小的化学物质，然后发生各种化学反应。这其中包括生成沉淀（不溶于水，沉在水底的物质）的化学反应。而人体内生成的沉淀会阻碍其他物质移动，有时还会在肾脏内产生像石头一样坚硬的结石，所以最好不要同时摄入会生成沉淀的食物。让我们一起来看看哪些食物需要格外注意吧？

大豆　豆浆　豆腐　芝士　菠菜　牛奶　碳酸饮料

第一是大豆。大豆含有大量的磷，同时摄入富含钙质的奶酪时，就会生成一种叫作磷酸钙的沉淀。除此之外，用大豆制成的豆腐中含有大量的钙，同时摄入含有草酸的菠菜时，会生成叫作草酸钙的沉淀，所以要避免两者同食。

第二是牛奶。牛奶中也含有大量的钙，同时摄入碳酸饮料时，钙和碳酸结合生成叫作碳酸钙的沉淀。一般来说，牛奶和碳酸饮料不会同时饮用，但还是小心为好。

鳀鱼　菠菜　红茶　蜂蜜　红肉

第三是鳀鱼和菠菜！和豆腐一样，鳀鱼也富含钙质，同时摄入菠菜时，也会产生草酸钙。

第四是红茶。红茶中的单宁酸遇到蜂蜜或红肉等含铁的食物时，会生成叫作单宁酸铁的沉淀。

现在明白了吧？为了健康，我们在吃饭时要多加注意，避开上述这些食物组合！

兄妹游乐场
♪ 寻找隐藏的图画 ♪

德利斯公司零食大庆典开幕啦！
让我们一起来找一找在这个场景中隐藏的 10 幅图画吧！

答案 第 192 页

隐藏的图画

① ② ③ ④ ⑤
⑥ ⑦ ⑧ ⑨ ⑩

答案

第 42 页 找迷宫

第 104 页 寻找弄脏试纸房子的肇事者

第 142 页 解密零食金库

第 190 页 寻找隐藏的图画

名词解释

这些都是科学基础名词，一定要记牢哦！

固体

具有一定形状和体积并且不易变形的物质状态。木头、石头、铁、冰等都处于固体状态。

气体

粒子间距较大，各粒子自由移动，不具有固定形状和体积的物质状态。空气、氢气、氧气等处于气体状态，具有弥漫空间的性质。像固体和液体一样具有质量。

汽化

液体物质获得热量变成气体状态的现象。有在液体表面发生缓慢汽化的蒸发现象，以及在液体表面和内部同时迅速汽化的沸腾现象。

物质

制造物体的材料。有木头、金属、橡胶等。

物体

有形状且占据一定空间的东西。要根据物体的用途选择合适的物质来制作。

酸

电离产生的阳离子都是氢离子的化合物是酸，如食醋和盐酸。能够溶解鸡蛋壳和大理石，甚至金属。

灭火

灭火就是将火熄灭。只要可燃物、氧气和着火点以上的温度这 3 个燃烧条件中有一个不满足，就能实现灭火。

液体

体积固定，但形态不固定的物质状态。有流动性，形状随容器变化而变化。

液化

气态物质失去热量变成液体状态的现象。如干冰周围的水蒸气变成雾气的现象、冷天进入温暖的地方眼镜出现雾气的现象等。

燃烧

某些物质在较高温度时与空气中的氧气化合而发光发热的激烈氧化反应现象。

碱

像氢氧化钠一样具有碱性的、电离时产生的阳离子全部是氢氧离子的物质。能够溶解蛋白质，使蛋白质变性，所以经常被当作洗涤剂使用。

溶液

溶质溶于溶剂，二者均匀地混合在一起形成的物质。白砂糖（溶质）溶于水（溶剂）形成的糖水就被称为溶液。

熔化

固态物质吸收热量变成液体状态的现象。如冰融化成水、巧克力或烛泪熔化的现象等。

凝固

液态物质失去热量变成固体状态的现象。如水结成冰、熔化的巧克力变硬的现象等。大部分物质凝固后体积会减小，只有水在凝固后体积会增加。

混合物

两种及两种以上的物质保持各自化学性质，相互混合形成的物质。利用加热装置、筛子、过滤装置等，可以将混合物分离成混合之前的物质。

索引

给孩子严谨的科学知识

☆ 韩国科学技术学院老师策划知识点 & 审校

郑铉澈（院长）

韩国首尔大学科学教育及天文学博士，参与韩国科学天才教育政策制定和课本研发。

金熙穆（高级研究员）

韩国江原大学科学教育博士，曾主导科学天才教育项目。目前从事科学工作者未来出路的相关研究。

权敬娥（高级研究员）

首尔大学生物教育系毕业，美国佐治亚大学科学教育博士，目前专注于数学和科学教育内容的开发。

崔真秀（研究员）

韩国教员大学化学教育硕士，从事天才学院及科学高中相关的基础研究，负责学生教育和教师研修。

☆ 韩国超人气喜剧演员创作故事

搞笑兄妹（韩大元，张艾咪）

韩国小学生喜爱的喜剧演员，为给更多人带来欢笑而不断努力着。

☆ 经验丰富的作家创作漫画脚本

李贤真

大学主修生物学和心理学，随后进入科学教育领域，开发科学教学内容。

权秦均

韩国科学技术院生命化学工业博士，现为科学丛书作家及专栏作家。

☆ 童心满满的漫画家绘制漫画

金德永

心系孩子的快乐成长，努力创作激发孩子想象力的益智学习漫画。曾为十几个系列童书创作漫画，帮孩子轻松掌握历史故事、名人传记和百科知识。

孩子不爱学习怎么办？那就让他看漫画吧！

化学

作者 _ 韩国搞笑兄妹　[韩] 李贤真　[韩] 权泰均　绘者 _ [韩] 金德永　译者 _ 章科佳

产品经理 _ 潘盈欣　　装帧设计 _ 杨慧　　产品总监 _ 徐宏　　技术编辑 _ 丁占旭
责任印制 _ 刘世乐　　出品人 _ 王国荣

营销团队 _ 张远 易晓倩 张楷 李宣翰

果麦

www.guomai.cn

以 微 小 的 力 量 推 动 文 明

图书在版编目（CIP）数据

化学 / 韩国搞笑兄妹, (韩) 李贤真, (韩) 权泰均
著 ; (韩) 金德永绘 ; 章科佳译. — 济南 : 山东画报
出版社, 2023.10
（搞笑兄妹科学大冒险）
ISBN 978-7-5474-4536-5

Ⅰ. ①化… Ⅱ. ①韩… ②李… ③李… ④金… ⑤章…
Ⅲ. ①化学－儿童读物 Ⅳ. ①O6-49

中国国家版本馆CIP数据核字(2023)第150089号

흔한남매 과학 탐험대 4 물질
© 2022 Heunhan Company
All rights reserved.
Simple Chinese copyright © 2023 by Guomai Culture & Media Co., Ltd
Simple Chinese language edition arranged with Gimm-Young Publishers, Inc.
through 韩国连亚国际文化传播公司(yeona1230@naver.com)

著作权合同登记号　图字：15-2023-113号

HUAXUE
化学
韩国搞笑兄妹　［韩］李贤真　［韩］权泰均 著　　［韩］金德永 绘　章科佳 译

责任编辑　刘　丛　董冠秋
装帧设计　杨　慧

主管单位　山东出版传媒股份有限公司
出版发行　山东画报出版社
　　社　　址　济南市市中区舜耕路517号　邮编　250003
　　电　　话　总编室（0531）82098472
　　　　　　　市场部（0531）82098479
　　网　　址　http://www.hbcbs.com.cn
　　电子信箱　hbcb@sdpress.com.cn
印　　刷　河北尚唐印刷包装有限公司
规　　格　185毫米×258毫米　16开
　　　　　13印张　　160千字
版　　次　2023年10月第1版
印　　次　2023年10月第1次印刷
印　　数　1—8 500
书　　号　ISBN 978-7-5474-4536-5
定　　价　65.00元